JN222808

V8 Ferrari

フェラーリ
(308/328/288)

1975
〜
1989

foreward

　フェラーリというとある種独特の先入観がつきまとう。そのむかし、もう40年も前のことだが、フェラーリ・オーナーの友人が耳打ちをしたものだ。憧れのディーノ246GTをようやく手に入れた時のこと。「いいか、フェラーリを手に入れた、持ってる、なんて絶対他人には言わない方がいいぜ」と。フェラーリを持っている、というだけでひとの見る目が変わる、というのだ。
　そんなものかなあ、ディーノはフェラーリじゃないし… などとかわしたけれど、真剣にそう進言された。確かに、バリバリの新車のフェラーリを手にできるのは、単なるクルマ好きを超えた「特別な」ひとが多かったし、おいそれと手に入れられるものでもなかった。そのときのディーノは底値というような価格だったから、直し直し手を入れながら趣味で持つのはいいか、というスタンスだったので、そうした心配は当たらなかった。
　それから時が経ち、当時のバリバリのフェラーリだったフェラーリ308GTBもいまや趣味のアイテムとして、熱心な愛好家のもとにあるものが多くなったようだ。趣味のクルマ、と考えたら第一世代の「V8フェラーリ」はいまでも輝きを失っていない。いや、当時以上に輝きを増しているのではないだろうか。
　フェラーリ量産モデルとして初めてのV8エンジン、ディーノではなくて生まれながらに「跳ね馬」のエンブレムを持つフェラーリ・ベルリネッタ… そしてこんにちまでつづくV8フェラーリのルーツであるという存在感。性能や味付けは文句のいいようがないホンモノのフェラーリである。所有しても走らせても手に余らない「ナロウ・フェラーリ」であることも大きなポイントだ。
　本当はもっと早い時期にまとめたかったものが、ようやくここに至って一冊にすることができた。オーナーのみなさまはじめ、多くの方々の協力に感謝しつつ、最後の仕上げに掛かっている次第だ。

2025年　初冬　　　　いのうえ・こーいち

Photo Credit:
p011　3点：ゴーリー田代　　p125、p128　2点：イノウエアキコ
上記以外の写真、イラスト：著者

contents

3.0ℓ、V8 フェラーリ 「308」の 15 年 … … 007

1976 年 フェラーリ 308GTB … … 008
「輸入第一号車」

1977 年 フェラーリ 308GTB … … 012
美しき「FRP」ボディ

もう一台の「FRP」 … … 020

1978 年 フェラーリ 308GTB … … 022

1979 年 フェラーリ 308GTS … … 026
35 年目の「GTS」

1982 年 フェラーリ 308GTSi … … 034

1984 年 フェラーリ 308GTB qv … … 038

1984 年 フェラーリ 308GTS qv … 044

1988 年 フェラーリ 328GTB/328GTS … 048

1989 年 フェラーリ 328GTS … … … 052
1/1 と 1/6

2+2 の「V8 フェラーリ」
1981 年 フェラーリ・モンディアル 8 … 056

1988 年 フェラーリ・モンディアル 3.2 カブリオレ … 060

特別の「V8 フェラーリ」 GTO の記憶 … … 067
4 台の「GTO」

V8 フェラーリ「最初の 15 年の物語」 … … 098

3.0ℓ、V8エンジンのフェラーリ
「308」の15年

宮崎 巌さんの輸入第一号車

Ferrari 308GTB

フェラーリ308GTBはいろいろな意味でフェラーリの歴史に大きなエポックとなっている。1975年のパリ・サロンで発表されたのだから、半世紀の時間が経過した、もはやクラシックのひとつ、といっていい。

しかし、佳き時代を経験しているクルマ好きにはいま以って新鮮なインパクトを投げかける魅力の存在であるし、こんにちもつづくV8フェラーリ・ベルリネッタのルーツとしても忘れられない一台である。

発表から約半年、わが国に輸入第一陣として2台のフェラーリ308GTBがやってくる。

「大井埠頭だったかな、クルマが着いたっていわれて駆けつけたんですよ。コンテナに載って、2台のフェラーリ308GTBがやってきた。そのトビラが開けられる。こちらはもうワクワクですよ。暗くてよく見えないんだけれど、バックで出てきた最初がイエロウ、もう1台がレッド… だから最初に日本上陸したのは僕のだったんだ」

愉快そうに笑う宮﨑 巌さん。弱冠29歳の時にフェラーリ308GTBのオーナーになった。例の「ブーム」の前、「Over 220 Car Club」という伝説のクラブがあったが、その初代会長でもある。そこに至るまでの話もだが、そののちこんにちまでつづく自動車趣味人振りがじつに興味深い。もう私は過去の人間だから… と仰るがクルマへの愛着は少しも衰えてはいない。

そもそも宮崎さんがフェラーリ308GTBに至った話がすごい。

「父親が電気会社をやっていて、ゴルフの送迎をする、って条件でスカイラインGT-Bを買ってもらったんだから恵まれてはいたよね」

それが初めてのクルマ。跡を継ぐのではなく、高校時代からイタリアの「クアトロルオーテ」(「四つの道」という名の有名自動車専門誌)を購読、米国留学をして最終的にはイタリアのカロッツェリアを目指していた、という宮崎さんに転機が訪れたのは20歳の時だった。

父上が急逝するのである。カロッツェリアどころではなく、否応なく会社の面倒を見る役に就かされたのである。

「ったって、経営なんかまるで素人、無我夢中の数年間でしたよ」

そのご褒美という意味を含めてか、GT-Bから仕事用のスカイライン・ヴァンになっていたところに、数年振りに好みのクルマを手に入れる。それはアルファ・ロメオのスパイダー「デュエット」。憧れのカロッツエリアメイドだ。

そこからポルシェを経てフェラーリ365GTCなどという別世界のクルマに至ったりする。輸入車ショップなどに友人も多くでき、たまたま勧められて、というが一度はフェラーリも経験しておきたい… という気持ちもあったようだ。

V12エンジン搭載のフルサイズ、ラグジュアリ指向のフェラーリはさすがに手に余る。友人のディーノに乗る機会があって、これだ、とショップに購入依頼に行った。

「僕が28歳だから1975年かな。なんでもディーノ246GTは生産が終わっている。代わりに新車が出るはずだから、それまでこれに乗っていてよ、って」

ディーノ308GT4がやって来る。2+2ではあるけれど、フェラーリ365GTCに較べたらコンパクトで、ステアリングもシャープだし、ミドシップの面白さも理解できた。ますますニュウモデルへの期待が高まる、というものだ。

それこそ新しいフェラーリ308GTBの情報もいち早く「クアトロルオーテ」で入手していたのだろう、待ちわびる宮﨑さんのもとに、入荷の知らせが届いた、というわけだ。

もちろんFRPボディの308GTB。当時の写真は宮﨑さんからお借りしたもの、もう退色してしまっているが美しいボディライン、当時の仲間のクルマと較べてもひと際新鮮であった。

「そうこうするうちに、クラブつくろう、って話があって。いやあ、なかなか刺激的な名前だよね、いま思い返すと。でも、220には意味があったんだ」

単純に速そうなクルマに乗っているのが、本当のクルマ好きとは限らない。たとえばポルシェ911などの場合、911Sだけが220km/h超で、「220」と謳うことで自然と選ばれたひとだけになった、という。

「純粋にクルマが好きで乗っているひとだけのクラブにしたかった」

折からの「ブーム」を受けて、「筑波サーキット」を借り切ってクラブ主催で子供たちにショウをしたこともあった。

「まあ、予想以上にたくさんの人で。われわれはみんな好きでヴォランティアだから、すごいお金が集まった。最終的には、寄付したんだ」

そのときの財団の領収書を見せてくれる。

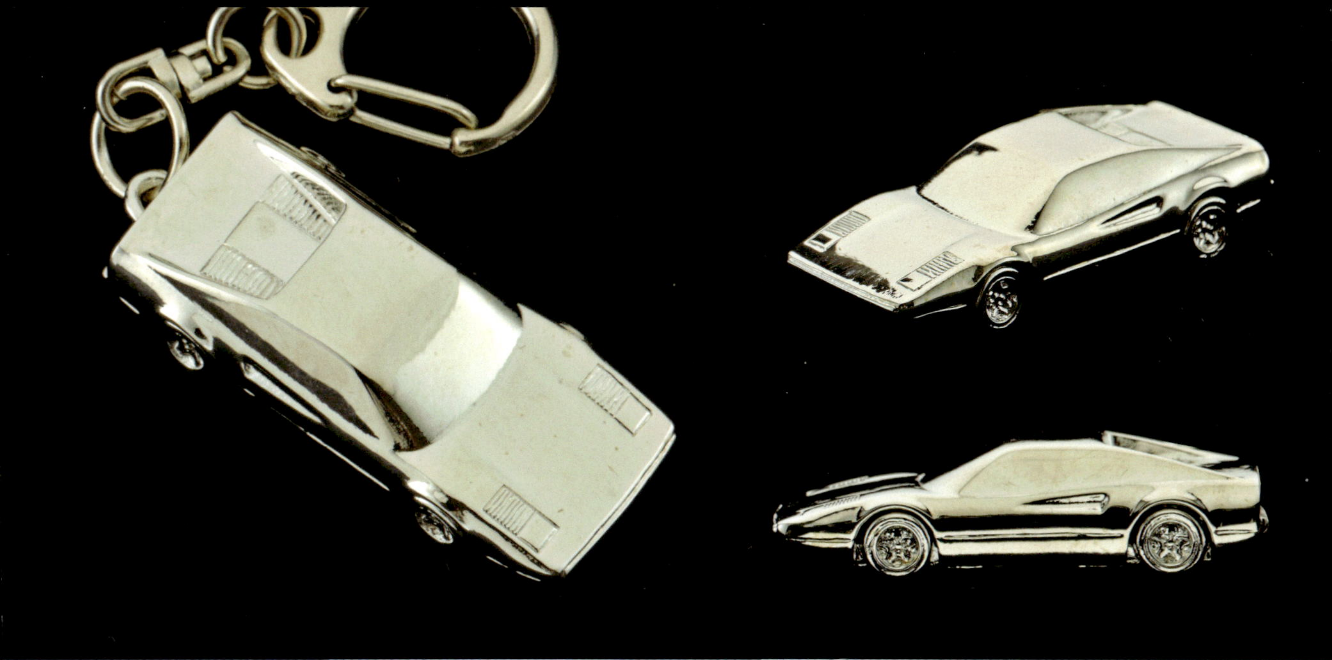

宮﨑さんはそういうひとなのである。その後、ショウの成功を横目で見て、いわゆるプロの手によるスーパーカー・ショウがあちこちではじまり、逆に宮﨑さんたちは、自分たちの楽しみの活動に戻る。

—— それから長い年月が経過して、いま目の前には小さく輝く「308」があった。ディテールはないのに誰が見ても 308GTB。

社長業は年とともに多忙になってくるうえ、地元のいろいろな役職も兼るようになって「とうとうフェラーリ 308GTB のクラッチを張付かせてしまって… 」クルマが可哀想だと、乞われて友人に譲ったところで、宮﨑さんはもうひとつの自動車趣味に打ち込む。

知る人ぞ知る、いや世界的にはその名がある種神格化されて通っているようなブランド、「CAM」。いくつものモデルカーの傑作を生み出したブランドは、宮﨑さんと故 小森康弘さんによるものであった。実物のクルマよりも早くからモデルカー、それもキットではなくて自分でいちからつくり出すスクラッチを目指していた宮﨑さん。日産車体のデザイナーである小森さんと出遇って、1/43 メタルキットをはじめとするモデルカーを世に送り出すのだ。そのプロポーションのよさはつとに有名であった。

前ページの大きなプラスター（石膏）の 308 像は、当時まだ珍しかった宮﨑さんのフェラーリ 308GTB を計測しながら、デザインの参考にと小森さんがつくったモデル。デザイナーの目で見てもラインの美しさに感動した、という。

そして、小森さん亡き後、宮﨑さんが本当に趣味でつくったというのが、キイホルダー。自らクレイを削ってフリーハンドで形づくり、最終的には小森さんのお弟子さんがまとめた。ディテールも省略し、プロポーションだけを抽出したそれは、精緻な「CAM」時代のモデルカーを突抜け、その対極にあるかのよう。

まるで現在の宮﨑さんのクルマへの思いそのもの、新たな趣味の境地を表わしているように思え、魅入らされてしまったのだった。

芳村貴正さんの「FRP」1977年式

Ferrari 308GTB

初期のフェラーリ308GTBがFRPボディであったことは、かなり「特別なこと」として認識されている。

すべてが新設計のボディで、量産用の金型が間に合わなかったとか、フェラーリも当時の新素材であるFRPに興味を持っていたからだとか、いくつも理由があげられているが、最初の700台あまりを生産したのちは、一般的なスティール・ボディに変更されていることを含め、特別で貴重な存在であることにちがいはない。

大きなヒット作となったディーノ246GTの跡を継ぐモデルとして、待望された「V8ベルリネッタ」である。ピニンファリーナ・デザイン、ミドシップ2シーター、それになにより「跳ね馬」エンブレムを与えられた純正「フェラーリ」ブランド。どれひとつとっても歓迎以外のなにものでもあるまい。フェラーリの大きな飛躍を担う意欲作、ひとつの時代を築くだけの資質の持ち主として送り出されたのであった。

デビュウは1975年秋のパリ・サロン、前項のようにそれから半年くらいして、わが国にも上陸を果たした。それにしてももはや50年の年月を経た完全なクラシック、いまや初期の「FRP」なぞ、どれくらいの数が現存しているのだろう。

秋の日射しのなか、現われたフェラーリ308GTBは、いかにも「FRP」ならではの艶やかさを持った驚くべき一台であった。

オーナーは芳村貴正さん。なんでもスイスで数十年間、ほとんど動くことなく保管されていた1977年式で、なんとオリジナル・ペイントのままだという。時間を忘れて、過去からそのままやってきたようなフェラーリ308GTBだ。訊けば芳村さんは数多くのクルマを経験している愛好家で、V8フェラーリだけでも、ディーノ208GT4からF355までを所有し、結局この「FRP」だけは手許から離すことができないでいる、と20年近く愛用しているものだ。

下の写真、「FRP」の特徴であるAピラーの継目だけでなく、フェンダ部分の峰とは別にくっきりと浮かぶラインに思わず息を呑んだ。

Ferrari

308
GTB

オーナーのしっかりとしたポリシイを反影してか、塗装ばかりではなく、全体がきっちりとオリジナルな状態に保たれている。まずは外観を観察してみよう。「FRP」ボディには、いくつもの初期型ならではの特徴が見られる。

ボディのパーツ分けとしてルーフを別体としていることから、「A ピラー」部分に継目が残っているのが「FRP」ボディ最大の識別点といわれるが、それだけではない。小振りのバンパーに小さな方向指示ランプ、リアもバックアップ・ランプがバンパーに組込みだ。したがって、リアの方向指示ランプは仕様によって異なるが、基本はオレンジ一色である。

「スモール」「ラージ」が選べたというフロントスカートだが、前者の方がシンプルなラインの初期ボディには、より似合っているように思える。美しいフォルムと仕上げのよさは、当時の雑誌等でも評判であったが、それが半世紀経ったいまでも衰えていないことに驚く。

フロントバンパーに組込まれたサイドランプは白一色のカヴァのなか、方向指示のバルブがアンバーになっている。これはスイス仕様の特徴のひとつだ。

アルミ製のフロントフードの下、スペア・タイヤは 105R18X のテンパータイヤで、3¼B というリムサイズのホイールに組合わされている。スペアタイヤはぴったりとトレイに収まっており、リアのラゲッジスペースと同じようなチャックで開閉可能なヴィニールカヴァが着けられている。

ミドに横置き搭載されるエンジンはいうまでもなくディーノ 308GT4 に搭載されてデビュウした 90° V8DOHC2927cc。ディーノ搭載エンジンと較べて、潤滑がドライサンプに変更されるなどしている。基本型式は F106A、最高出力も 255PS と変わらないのは、フェラーリ的で面白いところだ。

後側のエンジンベイにはオイルタンクが取付けられている。似てはいるけれど、エア取入れ部分が異なる四角いエア・フィルタの下は、ディーノと同じく 4 基のツウィンチョーク・ウエーバー・キャブが並ぶ。

FRP のリアパネルは左一本が基本らしいのだが、マフラー、エグゾストパイプはそれを無視するかのように 4 本のテールパイプが覗く。

エンジンルーム、サブフレームに取付けられたプレートには「FERRARI F 106 AB (308 GTB)」と記されている。

インテリアも決して豪華ではないが、しっかりよくつくり込まれている印象。ダッシュボードからドアにかけては一体感が出るようデザインされており、初期の意図がよく伝わってくる。

内外ともにドア開閉ノブも目立たぬ工夫が込められていて、それもデザインの妙が感じ取れて、和まされてしまったりする。ブルウの外装にタンのインテリア、芳村さんはこの取り合わせが大変気に入っている、という。赤の多いフェラーリだから、たしかに新鮮で素敵だった。

FULL SERVICED
FEB 04/46000KM
BY DOTT.BOXER
Ferrari
Agip SINT 2000
SAE 10W/50
Agip

もう1台のFRPボディは避暑地のガレージに仕舞われていた。冬にはご覧のように雪が残るところだったが、オーナーは手馴れたようすで撮影に応じてくれた。FRPボディ時代の大きな特徴のひとつであるエンジンフード脱着をいとも簡単に披露してくれる。

まるでのちの「GTS」のトップを外すかの如くに、本当にひとりで取り外して見せてくれる。フードの下は、よく手入れされたエンジン。左側に位置するのがドライサンプのオイルタンク。右側は冷却水タンクだ。オイルタンクのキャップには、ディップスティックが着けられており、油量をチェックするようになっている。

オイルクーラーもエンジンルーム内に装着されており、オイル量はのちのウェットサンプより2ℓ多い11ℓである。

エンジンフードの一帯を取り除いたリアは、見ての通りだが、それにしてもチリの合い方、FRPの仕上げのよいのには感心させられる。軽量であることも加担しているのだろうが、ヒンジ部分の繊細な仕掛けもみごとというべきであろう。

横置きエンジンの泣き所であるピッチングに対して、エンジンのリアバルクとの間に取付けられたトルクロッドが物々しい。先のディーノ246GTに較べて50PS以上のパワーアップを果たしたV8エンジンに対処するには不可欠だったにちがいない。おそらく、テスト段階で追加されたのではないだろうか。ディーノ308GT4の最初から装着されている。

FRPボディは、一部がスティールボディに変更後も、欧州向けは1977年までつくられた。

308
GTB

CORNES
Ferrari

待望のベルリネッタ

Ferrari 308GTB
(1977-)

1977年9月のフランクフルト・ショウで発表されたフェラーリ308GTSは、スティール・ボディで形づくられていた。それと前後して、ベルリネッタも従来のFRPからスティール・ボディにしたものが登場するようになった。

ボディ・スタイリングをはじめとしてボディ内外はまったく変わることなく、わずかに小さなAピラー継ぎ目で識別するしかない、ほどであった。フロント・フードはFRP時代からアルミが用いられている。

全体的な変化よりも、各地向けの仕様変化の方が大きいくらいで、ボディ素材の変更は気付かれない。基本的にはスティール・ボディは優先的に北米輸出に使われ、欧州仕様はしばらくFRPボディが残った。

この時期になってようやくわが国でも姿を見せるようになったことから、FRPボディの存在そのものが、当時は知る人ぞ知るのような状態であったことが思い起こされる。

特筆すべき変化として、ドライサンプであったこれまでのエンジンが、フェラーリ308GTS以降、一般的なウェットサンプに変更されている。しかし、それもきっちりと別れているわけではなく、写真のフェラーリ308GTBにもしっかりドライサンプ用のオイルタンクが取り付いているのが解る。

品川339
ぬ・8 13

もう一台のフェラーリ 308GTB は、ショートタイプのスカートが好もしい。バンパー組込みの方向指示ランプが二色になっているし、リアのエグゾストパイプも左側一本出しで、ボディとフィットしている。これが想定されていた本来の姿、というわけだ。

オーナーの赤間 保さんは十指に余るスーパーカーを所有し、それを専用のキャリアカーに載せて子供たちにスーパーカーの魅力を伝えようと巡回展示するなど、その道では知られた方。スーパーカー消しゴムの復活などの仕掛人でもある。そうそうたる所有車のなかに、しっかり初期のフェラーリ 308GTB が収められていることに、嬉しい気分で撮影させていただいた。

やはり、スーパーカー史においても欠かせぬ一台、というものである。

小岩井 保さんの 1979 年式

Ferrari 308GTS

前ページの写真を撮ってから35年目の秋の日にふたたび写真撮影に協力いただいた。相変わらず美しく保たれたフェラーリ308GTSだが、少し変化しているのにお気づきだろうか。リア・フェンダにあったリフレクターが綺麗になくなっているではないか。

「いや、5年ほど前に全塗装をしたんです。そのとき気になっていたリフレクターを取ってもらいまして…」

それも、そう依頼したのにすっかり忘れて仕上がってしまっていて、やり直してもらったのだという。もともとはドイツ向けにつくられた小岩井さんの「GTS」は、その後北米に渡ったらしく、そこでリフレクターが追加されたようだ、と。

35年の間に、いろいろ調べて素性が知れてきた。それだけこのクルマへの興味が深くなった、というのだ。まさしく、趣味の深まり、というものではないだろうか。35年、維持しつづけていることとともに嬉しい話だった。

学生時代は「学生ラリー」に打ち込んでいた小岩井さんが、就職後しばらくして趣味のクルマとしてスーパー・セヴンを手に入れる。まだケイターハムになる前の「セヴン・カーズ」のロータス・ツウィンカム搭載のセヴン。

さすがラリーをやっていただけあって、走りを楽しむと同時に、自らの手でメインテナンス、チューニングなど、手を掛けていた。

そのセヴンからこのフェラーリに乗換えたのだが、その取り組み姿勢は変わってない。

八王子33
す・4 99

「いや、セヴンとちがって、さすがにフェラーリのエンジンはガレージじゃ降ろせませんよ。大きさも重さもちがいます。足周り、ショック・アブソーバ交換とかはしましたけれど」

しかし、全体的にとても丈夫につくられている、という。フェラーリなど性能第一につくられていて、そのしわ寄せが耐久性にあったりするのではないか、という先入観はちがっていた。

「エンジン、ギアボックスといった基本部分はつくりもしっかりしていて、さすがはフェラーリだと思わせられました。その分、内装などの細かい部分はイタリアンですけれど」

経年変化で分解してしまったスウィッチ類のプラスティック部分など、自分で型をつくって修復したとか、ヴィニールのラゲッジルーム・カヴァなどは、チャックを自分で縫ったりもしたとか、興味深い話はつづく。

フェラーリなど、主治医のメカニックがいて、任せっぱなしで… と思われがちだが、そこを自分で手を下すことでより身近かな存在にしているところが、いかにも小岩井さんらしくて共感させられてしまう。

35 年振り、つまりは手に入れてからそれだけの年月、手を掛け、愛用されている趣味のアイテムとしてのフェラーリ 308GTS。

一度など、いわゆるユーザー車検にトライしたこともある。排出ガス濃度とサイドブレーキで苦労しましたよ、と笑う。そうやって、楽しみを積重ねていく相手。決して「高嶺の存在」としてではなく、上等なよくできた GT としてみた場合、「GTS」はいっそう輝きを増しているように感じる。

まだ実走行 5 万 km にも達していない、小岩井さんは 35 年間で 1.6 万 km ほど、走るよりも触って楽しむことの方が性に合ってるのかもしれない。フェラーリだからと気負うことなく、身近かに愛用されている趣味の「V8 フェラーリ」ならでは、という雰囲気も素敵だ。

フェラーリの暗黒時代

Ferrari 308GTSi
(1980-)

1970年代後半からのいくつもの規制は、特に速いクルマにとっては致命的ともいえるものであった。排出ガスをクリーンにするため、フェラーリはインジェクションを導入し、フェラーリ308GTBiとして1980年に登場させる。

春のジュネーヴでひと足先に発表されたフェラーリ・モンディアル8にインジェクション・エンジンを搭載。それがそのままトレードされたものだが、フェラーリ308GTB登場間なしのシャシー番号18777にインジェクション・エンジンを試用したという記録がある。

インジェクション導入にも関わらず、北米仕様、日本仕様はこれまでより50PSもドロップした205PS/6600r.p.m.という数字になっていた。それはなにもフェラーリに限られたことではなかったのだが、やはり速いこと、小気味よい走りを信条とするフェラーリ308GTBのようなモデルには大きなダメージを与える。

走らせた印象としては、数字以上の違いがあるように感じられた。それでも、よくぞここに留まっている、という底力のようなものも見出されて、どうしようもない時代背景を思った。

エンジンルームを開くと、プレス製のエアフィルタケースに変わって、黒塗りのキャスチュングされたエアチャンバが居座っている。右側のドア後方のエアインテイクから取入れられたエアはエアフィルタを経てチャンバに導かれ、フィルタ横のインジェクターからの燃料と一緒に各シリンダに送られる。

インジェクションは独ボッシュ社製の「K-ジェトロニック」を採用。

エンジンルーム内は満杯のようすで、機器の配置なども変化している。

基本フォルムは変わっていないが、ボディ内外も、いくつかの安全基準を満たすための変更が加えられている。前後のバンパーはより大きくされ、形状だけでなく重量も増加している。

前後のフェンダには大型の方向指示ランプとリフレクター。北米仕様には早くから標準であったものが、日本仕様でも導入されている。

その他、エンジンフードのルーヴァが増設され、フロントを含めブラック・フィニッシュになったことや、ミラーの大型化、電動化も変更点として挙げられよう。

インテリアにも手が入れられている。ステアリングホイールがナルディ社製が標準になったほか、センター・コンソールにメーター追加など雰囲気が変わった。ウィンドウ開閉スウィッチもコンソールに収められ、代わりに電動ミラーのスウィッチが設けられた。

この先V8フェラーリはどうなるのだろう、少しばかりの心配をした時期でもあった。

フェラーリ性能復活

Ferrari308GTB quattrovalvole（1982-）

1982年10月に開催されたパリ・サロンで、フェラーリの回答、ともいうべきモデルが発表された。「クアットロヴァルヴォーレ」、つまり気筒あたり4ヴァルヴを採用するなどしてパワーアップ、ふたたびフェラーリらしさを取り戻したモデルの登場である。

混乱しそうなので、フェラーリ308GTB「クアットロヴァルヴォーレ」と書いたけれど、フェラーリ308クアットロヴァルヴォーレGTBというのが正しい名前のようだ。リアのエンブレムもただ308クアットロヴァルヴォーレとなっており、GTBの文字は見当たらない。

新たに4ヴァルヴ化されたことで、235PSまでパワーは回復した。エンジン型式もティーポ105Aに変更され、全体のギア比なども見直された結果、劇的に走りやすく高性能も実感できるようになった。タイヤ、ホイールがmm規格のミシュランTRXに変更になったのは、特筆すべきことだろう。

ボディ内外もフロントフードにエア抜きのルーヴァが追加されたのに加え、ブラックフィニッシュされたことで、目立つようになった。また、ルーフ後端にスポイラーが装着された。全体の完成度は高まり、人気回復に繋がった。

数字的には頭初の255PSには及んでいないのだが、「クアットロヴァルヴォーレ」の効用は遺憾なく走りのフィーリングに発揮されていた。確実に速い、それでいて乗りやすくもなっている。ひと言でいうならば、大きく完成形に近づいた印象、であった。

1976年からのわが国の輸入ディーラーであるコーンズ&カンパニーから駆り出した、フェラーリ308GTB「クアットロヴァルヴォーレ」を数日間に渡って楽しませてもらった。初期のキャブ・モデルやFRPモデル、はたまた328GTBなどに乗ったのはこれより後だから、小生にとってV8フェラーリの原点というものかもしれない。

先代というべきディーノ246GTなどと較べると、格段に進化していることが解る。ディーノなどは運転者の技量を試しているようなところがあるのだが、それはまだ荒削りであることの裏返しのようなものだ。それが「クアットロヴァルヴォーレ」では、上質な高性能GTのお手本といっていいほどに、あらゆる部分がきっちりとできあがっている。

しっかりゲートの刻まれたシフトを左手前の1速に入れ、走り出すのになんの気遣いも要らない。クラッチ踏力も大きく改善されていた。

いや、それ以前に、エンジンをスタートさせるときでさえ、呆気ないほどによく躾けられている。キャブ時代は「コツ」というか、それぞれのクルマに合わせた気遣いが要ったものだ。

走り出す。じつに淀みなく回るエンジン。よくいわれる3500r.p.m.を超えた辺りからのサウンドの高まりとともに、際限なく回りそうな気さえする。ウエーバー・キャブになんら遜色なく、それでいてトルクは確実に太く扱いやすい。誰でも乗れるフェラーリ、になっていた。

それはファイナルがひと回り低くされているということもあるのだが、最初からこのギア比がジャストフィットといっていいほどだった。

品川33
98-71

オープンエアの楽しみ

Ferrari308GTS quattrovalvole（1982-）

Ferrari

Ferrari

同じ「クアットロヴァルヴォーレ」なのだから、なにも「GTB」と「GTS」を分ける必要もないといわれるかも知れないが、先述したように完成形に近くなったこの時期のV8フェラーリの場合、使い勝手によって自由に選択できる、使い分けることができるようになった、と思う。

確かに、「GTB」の次に駆り出したフェラーリ308GTSクアットロヴァルヴォーレは、同じように速いのだが、そんなに速度を上げるよりも優雅に走りたい、そういう気持ちの方が大きくなっているのを意識した。トップを外してオープンエア・モータリングを楽しむ。フェラーリ性能はゆとり、隠し持った爪のようなものだ。

左右のフックを解錠し、前方に持ち上げることでFRP主体のルーフは簡単に脱着できる。ちょうどシート後方のスペースに収納できるようになっており、気分次第、構えることなくオープンエアが楽しめる。

「クアットロヴァルヴォーレ」の時代は、もう一方の12気筒フェラーリが「BB」から「テスタロッサ」へと大きく変化した時期。逆に、デビュウから10年近くを経ようとしていたV8フェラーリには、クラシカルな魅力さえ感じるようになっていた。

いま振り返ってみても同じような印象がある。次のフェラーリ328GTBでは外観がスペック以上に変化した。それだけに、この時代に拘る愛好家が少なくないのである。

3.2ℓの時代

Ferrari 328GTB /328GTS (1984-)

1984年になるとこんどはエンジン排気量をアップするとともに、ボディ内外をリファイン、フェラーリ328GTB/GTSにチェンジする。パワーアップもさることながら、ピニンファリーナ自身の手になるボディのアレインジメントは、ひとつ時代が変わった印象さえ与えた。

バンパーをボディと一体に見せるビルトイン・タイプとし、新調したスカート部分のフロントスポイラーをブラック塗色とすることで、視覚的にメリハリが与えられた。それはサイドシル部分、リアのアンダーパネルにまで至る。

エンジンはボア、ストロークの両方を拡大し、3185ccの排気量を得る。パワーは270PS、トルクも31.0kg-mまでアップした。ひと口でいえば、先の「クアットロヴァルヴォーレ」の完成度をいっそう高め、イージイかつ高性能を両立させたものになっている。

特筆すべきは、ホイール、タイヤがインチ規格に戻され、前後で太さの異なるものにされたこと。最初は14インチだったものが、ここに至って16インチにまで拡大。それだけ性能的にも向上したということだ。

Ferrari
3200 — quattrovalvole

インテリアも、基本は変わらないものの細部が大きくモディファイされた。大きなインナーのドアハンドルがその象徴のようなもので、ダッシュボードからドア後方までの一体感は失せた。

新たにダッシュ中央に三連のメーターを収めるパネルが新調され、コンソールにはスウィッチ類がまとめられた。メーターそのものも、文字がオレンジ色になるなど、変化している。

それにしても、フェラーリ 308GTB が誕生して十余年、人気の「GTS」もすっかりなくてはならない存在。「GTB」を遥かに上回る数を送り出して、ひとつの区切りを迎えるのだった。

山田健二さんの 1/6 と 1/1

Ferrari 328GTS

ひと呼んで「ウッド・モデラー」、山田健二さんのつくり出すフェラーリは、圧倒的な迫力で迫ってくる。そのサイズは 1/6、ひと抱えもあるフェラーリなのである。

そもそも山田さんとフェラーリの出遇いというのが普通ではない。デパートの販売促進を担当していた 50 年前、ある企画が持ち込まれたのだ、という。それは「スーパーカー・ショウ」。なん台かのクルマを展示し子供たちを中心に集客しようという。

「いや、そんなクルマを並べただけでひとが集まるものか、って思いましたよ」

ところがじっさいにふたを開けてみると、なんとデパートをなん周もするくらいのひとが押寄せてきた。例の「ブーム」の頃である。そして子供たち以上に刺激を受けたのは、なんと当の山田さんだった。

テストというか紹介を兼ねてひと走り乗せてもらったフェラーリにすっかり魅了されてしまったのだ。

幼少の頃からの模型好きが嵩じて、定年を機にスクラッチでウッドのフェラーリづくりを思い立つのである。材料には柔らかいバルサ材を使い、タイヤなどはリング状につくってパターンを刻んだものを、何枚も重ねて一体にして表現する。

一台つくるのに約半年は掛かる、という。市販モデルを中心にレースカー、試作車までもが次々に作品になっていく。地元を中心に「作品展」も開催している。

「大仰にいうと、フェラーリによって人生が変わりました。友人の輪が広がり…」

そして夢だとばかり思っていた 1/1 のフェラーリ 328GTS までやって来た。1/6 つくっているのではなくて 1/1 にも乗ってみるのがいい、と友人たちが勧めてくれたのだという。じっさいに所有してみると、いっそうその魅力が伝わってくる。そしてまた仲間が増え、一緒にトゥーリングしたりする楽しみもできた。

80 歳を迎え、いまだ打ち込めるものがある幸せを感じる、という。

そう、もちろん自分のフェラーリ 328GTS も 1/6 でしっかり再現した。

「いや、僕のたくさんの作品のなかでも一番細かくできているんじゃないかな。なにしろ実物を観察しながらつくれるんだから」

そう笑顔で語り、ほら、とボディと同色にしたルーフを外し、給油口部分のルーヴァを開いて見せてくれるのだった。

Marlboro
3
Shell

Ferrari Mondial 8 (1980-)

世に規制の嵐が吹き荒れていた1980年、新しいフェラーリがヴェイルを脱ぐ。速いクルマなど生き残る途がない、ましてやフェラーリなぞ… そんな時代に登場してきたニュウモデルは、しかし大きな意味を持つ一台であった。

発表は1980年春のジュネーヴ・ショウ。その名はフェラーリ・モンディアル8。だいたいが名前からしてフェラーリの伝統から外れ、1950年代のレースカーの愛称をモデルネームにしていたのだから、フェラーリ好きでさえ戸惑ったものだ。

基本はそれまでのディーノ/フェラーリ308GT4に代わるV8エンジン搭載ミドシップ2+2クーペ。スタイリングはピニンファリーナに戻り、ディーノの名前などどこにも見当たらなかった。さすがピニンファリーナというか、ボディはひと回り大きくなり、堂々とした印象を与えるクーペに仕上がっていた。

具体的に数字を挙げると、ホイールベースは+100mmの2650mm、全体のディメンジョンも全長+280mm、全幅+80mm、全高+40mmで4580x1790x1250mmという、少し前のV12フェラーリをも上回るサイズに成長していた。北米仕様、日本仕様はさらに大型バンパーで全長4640mmまで拡大する。その分室内をはじめとした重厚感が備わっており、どこか新時代のフェラーリ、といった印象が漂っていた。

ミドにはお馴染みのV8気筒エンジンが載っていたが、そのフィーリングもどちらかというと重々しく感じられた。じつは、そのエンジンは排出ガス等の規制への対処もあって、新たにインジェクションが導入されていたのだ。パワーも数字で書けば205PS/6600r.p.m.という絶望的な数値だったのだが、全体の重厚感に打ち消されて、特別パワー不足を感じるような部分は思いのほか少なかった。

エンジンはボッシュのK-ジェトロニックが導入されており、エンジンルーム中央には、これまでのエアフィルタに代わって鋳造製のエアチャンバが視覚の中心になっている。じつは、このエンジンはそっくりフェラーリ308GTBi/GTSiに移植されることになるのだが、大きく印象が異なるのは、モンディアルは独立したラゲッジルームを持つこと。そのために全体がルーヴァで覆われたようなエンジンフードとは別に、ラゲッジルーム用リッドが備わる。

インテリアもモンディアル独自の印象で、メーター類は大型の四角いナセルに収められ、コンソールも大きくリア部分まで繋がっている。特徴的なのはダッシュボード部分をはじめとして、上下二段に分かれた意匠で、内装がブラック以外の場合2トーンに分けられている。

2+2故に決して分厚くはないが、シート類も上質につくり込まれている印象だ。

フェラーリ・モンディアル8を走らせて一番の感動は、そのシートポジションであろう。長めのホイールベースの中心よりもずっと前に位置することから、スポーティというかいままでにないレーシイな気分を味わうことができる。もちろん4人乗れるというメリットはあるが、それ以上に走らせて楽しくスリリングであったのは、想像していなかったことだ。

ホイールベースが長いことも、走行安定性に寄与するという思わぬ効用にも気付かされる。なまじ「ベルリネッタ」の存在があるから迷ってしまうだけで、モンディアルはそれ自身別の魅力の持ち主であった。

フェラーリ308GTBiに相当するモンディアル8にはじまり、この後はフェラーリ308シリーズと同じように「クアットロヴァルヴォーレ」、モンディアル3.2とチェンジをつづける。そして、1989年には新たな仕組みを導入しつつ、1993年まで生産がつづき、V8搭載2+2の終焉を迎えるのだった。

2+2のカブリオレ

Ferrari Mondial 3.2Cabriolet（1984-）

品川300
み 38-68

飛騨工房

デハ
3
デハ
3

品川300
み 38-68

2+2のフェラーリ・モンディアルには1983年、フルオープンのコンヴァーティブル・モデルがフェラーリ・モンディアル・カブリオレの名で追加される。別項でも書いたようにフェラーリ328GTBは、より安定したマイルドな印象の味付けになっていることから、3.2ℓのオープンのモデルにとって、より似つかわしい性格ともいえる。

考えてみれば1969年には生産を終えてしまったフェラーリ365GTS以来、北米専用のようだった印象の「デイトナ」スパイダーを入れても10年以上の時間を経た、フェラーリにとって久しぶりのフル・オープンモデル。「クアットロヴァルヴォーレ」時代にフェラーリ・モンディアル・カブリオレとして登場し、そのまま「328」のデビュウに伴って、モンディアル3.2カブリオレにチェンジした。

ボディ内外の雰囲気は、なるほど、フェラーリ328GTBに通じるものがある。

フル・オープンながらさすが2+2、実用性もそこそこ備えており、ロング・トゥーリングもむしろベルリネッタよりも楽にこなせる。ソフトトップは、さすがにこの種の仕掛けを得意とするピニンファリーナだけあって、畳んだ姿はクーペに通じるスタイルになっている。

右の写真はモンディアル3.2クーペだが、こちらはいっそう安楽な旅に持ち出せる。この頃になるとエアコンが備わっていたこともあり、モンディアル・クーペのリア・クウォータ・ウィンドウはハメ殺しである。

モンディアル3.2の時代は、クーペ、カブリオレとも着実に生産台数を伸ばしており、フェラーリ328オーナーとは別の、静かな愛好家をつくっていた印象がある。隠れた名車というものかもしれない。

38-68

高崎300
45-04

1989年、フィオラーノ

1989年、初めてフェラーリの本社を訪問することができた。本社工場の取材などはなかなか敷居が高かったのだが、街外れのフィオラーノのテストコースは外から観察自由、いかにもイタリア的でおおらかであった。

そこで盛んに走っていたのがモンディアル。サイドのエアインテイクの形状が異なり、なかなか景気のいいサウンドで走り回っていたのが、じつはその後のフェラーリを占うプロトタイプであったとは。

そう、その年のジュネーヴ・ショウで発表されたモンディアルｔであったのだ。いうまでもなく、V8エンジンを縦置き搭載し、それに横置きにしたギアボックスを組合わせた、フェラーリ348tの登場を告げる、先駆けのモデルであった。

もちろん本書は、次につづくフェラーリ348tやF355について続編を配慮しつつ構成している。モンディアルｔについても、またの機会に詳述したいと目論んでいる次第だ。

特別なV8フェラーリ

GTOの記憶

「GTO」という特別な名前

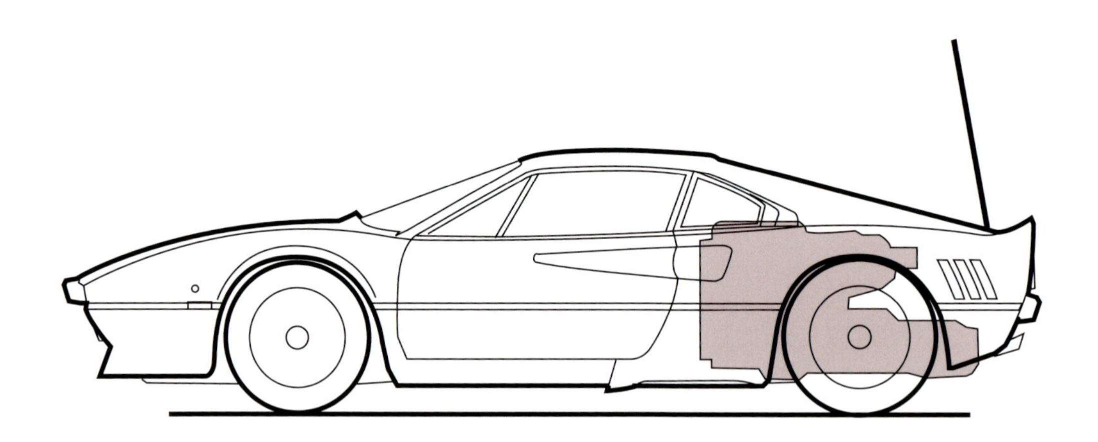

V8フェラーリのひとつの究極にして、エポックメイカーとして忘れることのできない存在、「GTO」である。少しのちになるとフェラーリ288GTOと呼ばれるようになったが、デビュウ当初は唯の「GTO」であった。

いうまでもない、フェラーリにとって「GTO」の三文字は特別の意味を持つ。フェラーリ社の当時のプレスリリースも

「かのフェラーリ250GTOから数えて20年後、1962年から1964年まで3年にわたってチャンピオンシップを獲得した名高いモデルの後継を提案する…」

という一文からはじまっている。

さらに、リリースはつづく。

「この年月の間に、さまざまな規制が加わり、またユーザーの要求も変化した。設計部門、技術部門は新たな解答を求められ、それに対し新たな素材、新たなメカニズムを導入することで応えた。ターボチャージド・エンジン、軽量耐久性に優れた素材の導入によって、レーシング性能を損なうことなく安全、快適さを実現した」

そして、このように結んでいる。

「フェラーリは創業以来、レース界に忠実でありつづけてきた。

レース活動が技術革新の源泉であるという信念によるもので、ジュネーヴ国際モーター・ショウで発表するグループBカー『GTO』はこの哲学を立証するものである」

いまから40年前に出現した「GTO」は、もはやクラシックといっていい「スーパー・フェラーリ」のルーツである。振り返ってみればじつに大きなものをフェラーリに残した、といえる。以降のフェラーリF40、F50… とつづく一連の「スーパー・フェラーリ」の道筋をつくった、という大きな流れから、V8エンジンの縦置き搭載を実現したという、いちメカニズムの転換に至るまで、大にわたり小にわたり数え切れないものを残した、といえよう。

つまり、フェラーリF40はこの「GTO」の発展型であるし、フェラーリ348t以降のV8フェラーリがエンジン縦置き搭載に変化したのも「GTO」がきっかけであった。

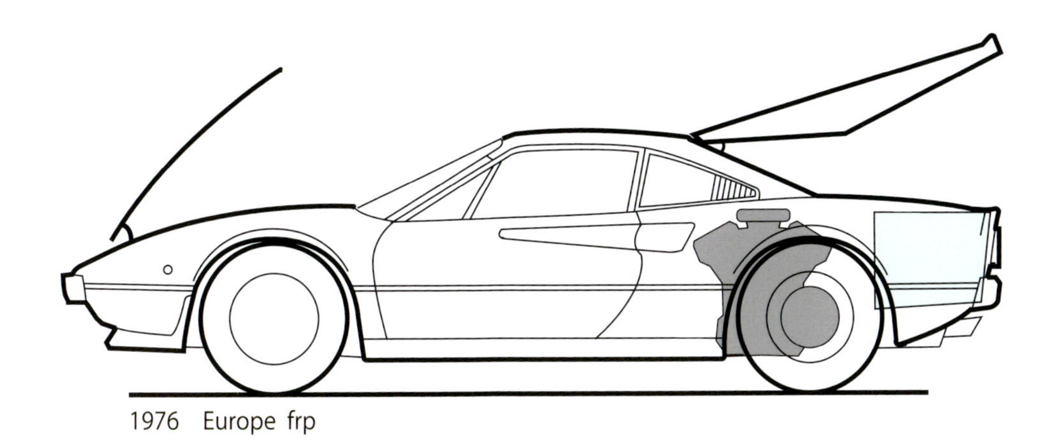

1976　Europe frp

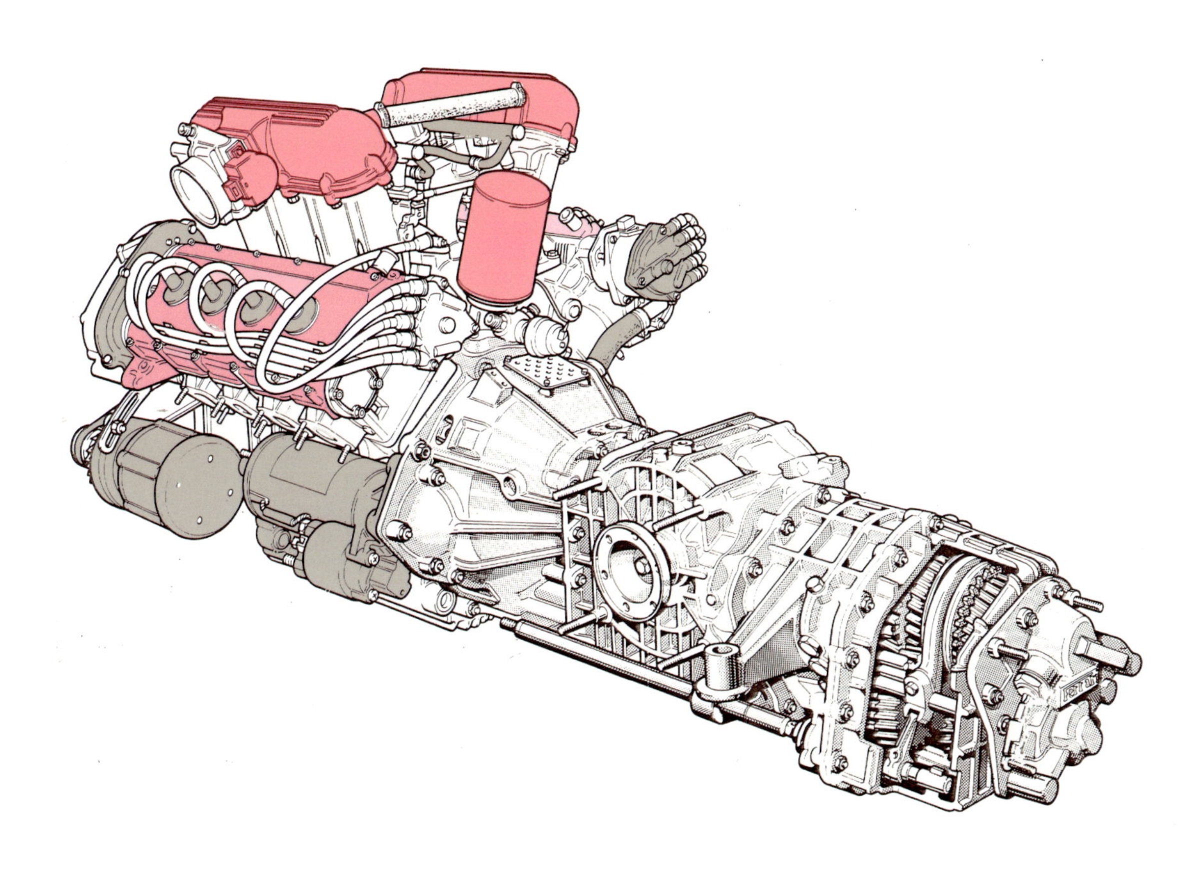

エポックメイキングなフェラーリ「GTO」の具体的メカニズムをひと通り書き留めておこう。改めて見返しても、いくつもの新機軸が盛り込まれており、「GTO」がひとつのプロトタイプ的役割を果たしていたことが窺える。その時代の最高峰であったことはまちがいない。

「GTO」のパワートレインは、上図のようになっている。搭載時にはこの上に左右のバンクに対応したターボ・チャージャ用インタークーラーが位置し、エンジン本体は低い位置に沈められていて、じっさいに観察するのは難しい。もちろん、重心を低くするのは高性能車にとって必須といっていい項目だ。

取出されたパワーは、クラッチを経て一旦最後方のギアボックスに。そこから前に戻ってディファレンシャルに至るレイアウト。ギアボックス後端に「FERRARI」と浮き彫られる。

エンジンはフェラーリ308クアットロヴァルヴォーレのそれを基本に、ボアを1.0mm縮小して2855ccとし、それに2基のターボ・チャージャをインタークーラーとともに装着したものだ。排気量縮小は「グループB」加給器付の係数1.4を掛けて4ℓ以下クラスに収めるため、である。それで、400PS/7000r.p.m.という「308」に較べて145PSアップ、比出力140PS/ℓを実現している。それは量産クアットロヴァルヴォーレ・エンジンの優秀性、ポテンシャルの大きさをアピールすることにもなった。

しかし、エンジンそのものよりも、エンジンを含むドライヴトレインの新しいレイアウトが注目、であった。それは前述のようにエンジンを縦置き搭載し、エンジン - ディファレンシャル - ギアボックスの順で組合せ、縦置きミドシップを形成したのである。世代が変わってフェラーリ348t以降の基本レイアウトが先取りされていたわけである。

ただし、「GTO」の時代はスペアタイヤが義務づけられており、ラゲッジスペースを無視した結果であったのだが。

エンジン以下のドライヴトレインは、まずクラッチは大パワーに対応して8½インチ（約216mm）径のツイン・プレート。その操作法は、長くワイヤ作動を守ってきたフェラーリだが、意外なことに油圧作動になっている。

前進5段のギアボックスはケースにマグネシウム、アルミニウムが用いられる。意図したものではないかもしれないが、その後端がリアから覗けるという、クルマ好きにはかつてのアバルトを想起させる心憎い演出までもたらせている。

エンジンとギアボックスの間には一対のアイドラー・ギアが使用されており、そこで21：28=1：1.333と一段減速してギアボックスに導かれ、10：29=1：2.900のディファレンシャルへとつづく。ディファレンシャルにはLSG（リミテド・スリップ）が組込まれている。

エンジン縦置きのレイアウトにしたためにホイールベースは308GTBより110mm長く2450mmとされた。

これらドライヴトレイン一帯はサブフレームに収められており、メインのフレームとは左右各二ヶ所4本ずつ計16本のボルトで固定されるようになっていた。

「グループBカー」としてメインテナンスの便を考えた配慮である。テスタロッサなども同様の手法が採られていた（フェラーリF40はさに非ず）。

さすがに「GTO」である。ボディは軽量、強靭を目標に多くの素材でつくり分けられている。シャシーはフェラーリの標準ともいうべき楕円鋼管を使ったフレームにリアのサブフレーム。ドア、フェンダ、シル部分などがFRP、ほかにケブラー＋ノーメックス、FRP+ノーメックスといった複合素材が用いられていた。

キャビン後端、エンジンルームの間を仕切るバルクヘッドは、アルミのハニカムにケブラーを被せたもの。中央にはエンジン前部分をチェックする取り外し可能な点検用窓がある。

シルエットこそフェラーリ308GTBだが、知れば知るほど「特別」に仕立てられた「スペチアーレ」であることが伝わってくる。「GTO」の名前は伊達ではなかった。リアフェンダ部分に刻み込まれた三条のスリットは、クラシックGTO（250GTO）からのお墨付きというようなものだった。

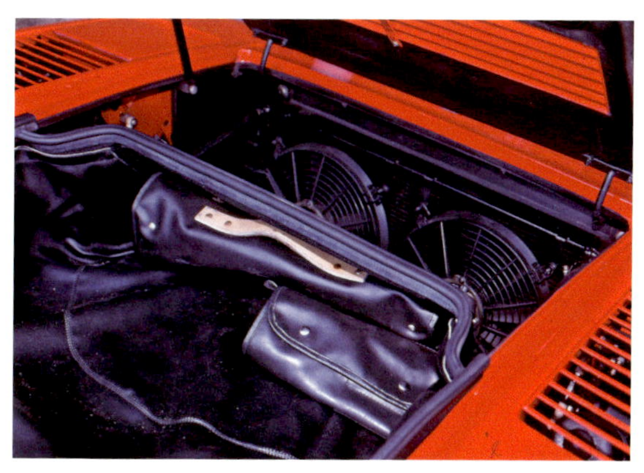

「GTO」は本来WRCなどに投入する「グループB」カーとして計画された。1982年に「グループB」の骨子が決められたものだが、1983年、いざふたを開けてみると4WDの独壇場であり、計画していたスペックではとても実戦で勝機を見出すことは難しい、という結論になる。それが思わぬ方向に結びつくから面白いものだ。

1984年のジュネーヴ・ショウで発表するや、フェラーリGTOの名前とその性能には糸目を付けないミリオネアが世界中から熱い視線を送るのだ。バブルに向かうタイミングもあったのだろう。ホモロゲイションに必要な200台の予定を遥かに上回る注文を受け、実質的にレース/ラリー等には参戦をすることなくより高性能な「スペチアーレ・フェラーリ」として生産することになる。

「ホモロゲイション用GT」を表わす「GTO」のネーミングも有名無実になってしまうのだが、できあがったフェラーリGTOは美しくも迫力あるスタイリングと桁違いの性能を以って、多くのクルマ好きの「見果てぬ夢」の座に君臨したりしている。

すべての生産シャシーナンバーを調べ上げるような熱心家もいて、6台のプロトタイプ、272台の生産モデル、さらには6台のエヴォルツィオーネ（うち50253は文字通りGTOを改造）がつくられ、フェラーリF40のプロトタイプ役を果たした。

そしてフェラーリ史に惨然と輝きつづける存在となっているのは、改めて述べるまでもないだろう。永遠に忘れることのできない「V8フェラーリ」の頂点のひとつだ。

	フェラーリ（288）GTO	フェラーリ 308GTBqv（参考）
PRODUCT		
年　式	1984～86	1982～85
シャシー番号	52465～	42809～
DIMENSIONS		
最大寸法	4225×1850×1150mm	4290×1730×1120mm
ホイールベース	2450mm	←
トレッド前 / 後	1589/1562mm	1425/1430mm
重　量	1160kg	1330kg
POWER UNIT		
エンジン型式	F114B（ドライサンプ）	F105A　（ウェットサンプ）
	水冷 90° V8 気筒 DOHC32 ヴァルヴ	水冷 90° V8 気筒 DOHC32 ヴァルヴ
ボア × ストローク	φ 80.0×71.0mm	φ 81.0×71.0mm
排気量	2855cc	2926cc
圧縮比	7.6：1	9.2：1
出力	400PS/7000r.p.m.	235PS/6800r.p.m.
トルク	50.6kg-m/3800r.p.m.	25.5kg-m/5500r.p.m.
ブロック	アルミ + ニカシル・ライナー	←
ヘッド	アルミ	←
カム駆動	コグド・ベルト	←
ヴァルヴ径 in/ex	φ 29.0　/　φ 26.0	←
ヴァルヴ挟角	33.3°	←
ヴァルヴ・タイミング	16°-48°-54°-10°	←
イグナイター	Marelli Dinoplex	←
キャブ	Bosch k-Jetronic	←
プラグ	Chmpion A59G	Chmpion N6GY
DRIVE TRAIN		
クラッチ	乾燥複板　8½ インチ 油圧作動	乾燥単板　ワイヤ作動
ギアボックス	前進 5 段　全シンクロ	←
プライマリ	21：28 = 1：1.333	27：30 = 1：111
1 速（総減速比）	1：2.770（1：10.707）	1：3.077（1：13.072）
2 速	1：1.723（1：6.659）	1：2.118（1：8.996）
3 速	1：1.158（1：4.745）	1：1.524（1：6.473）
4 速	1：0.963（1：3.723）	1：1.120（1：4.756）
5 速	1：0.764（1：2.954）	1：0.827（1：3.514）
後退	1：2.462（1：9.518）	1：2.923（1：12.419）
ディファレンシャル	10：29 = 1：2.900	17：65 = 1：3.824
CHASSIS		
サスペンション　前	不等長 A アーム+コイル+スタビライザ	←
後	不等長 A アーム+コイル+スタビライザ	←
ステアリング	ラック&ピニオン	←
ブレーキ　前	V ディスク	←
後	V ディスク	←
ホイール	アロイ（Speedline）3 ピース、センターロック	アロイ（Cromodora）
サイズ　前	8J × 16	165TR390
後	10J × 16	165TR390
タイヤ	グッドイヤー NCT	ミシュラン TRX
サイズ　前	225/50VR16	220/55VR390
後	255/50VR16	220/55VR390
スペア	3.25 × 19 + グッドイヤー T105/80R19	3.25B + ミシュラン T105/80R18
PERFORMANCE		
最高速度	305km/h	255km/h
0-400m 加速	12.7sec.	14.5sec.
0-1km　加速	21.8sec.	26.2sec.

1. 絵画館前で初見参

話題になったけれども、まったくの幻であった「GTO」。ようやく辿り着いた都心のオーナーに撮影させていただけることになり、神宮外苑絵画館（聖徳記念絵画館）で待ち合わせをした。初めて見る「GTO」は、そのエレガントな外観に似合わないような辺りを震わせる低いサウンドとともにやって来た。フェラーリ 308GTB に似ているとはいえ、大きく張り出した前後のフェンダ、400PS の大パワーを地面に伝える幅広のタイヤなどが醸し出す迫力たるや、ことばを失ってしまいそうなほどであった。

全幅が＋ 190mm の 1910mm もあることをはじめとして、ホイールベースは 110mm 延長された 2450mm、全長も 60mm 長くされて 4290mm と、フェラーリ 308GTB よりひと回り以上サイズアップされているのだ。その存在感のちがいは想像以上であった。

それでもサイドがちのスタイリングはまちがいなく「308」、美しさをしっかり残しているのがいい。サイドの一直線の黒いラインが、前方から見るとフェンダ部分で大きく外側に折れ、いい知れぬ迫力の源になっていたりする。

Ferrari
GTO
品川33

フェラーリ308GTBとちがって、リアはエンジンフード部分のみが後側をヒンジに開く。左右のピンを外し、キイで解錠してレヴァを持ち上げることでルーヴァだらけのフードが開く。その下に広がる景観は、これまでのフェラーリでは見たことのないものであった。

目立つのは左右に1基ずつのインタークーラーで、エンジン本体は思っていたよりもずっと前方、それこそキャビンにはみ出しているのではないか、というような位置にある。それもエンジン本体は深く沈んでいて、覗き込んでようやく赤いカムカヴァがチラリ… であった。

ターボ・チャージャを経て最大0.8バールの過給気を受入れるエアチャンバに彫られた「跳ね馬」がシンボリックである。

ブラック一色のインテリアであった。外装はすべて300/9の「ロッソ・コルサ」一色のみ。目につくのは背の高くされたドアミラー。ここまで高くして、リアフェンダ越しに上から後方を見ようというもののようだ。

フロントフェンダに埋め込まれたスクーデリア・エンブレムは標準で付けられている。それにしても、スピードライン社製の3ピース・ホイールの物々しさは。このクルマが唯ものではないことを暗示しているかのようだ。

フロントフードのしたはスペアタイヤや工具でいっぱい。ものを置くスペースなどまったく考慮されていない、さすがは「グループB」カーという、その素性を垣間見せ付けられたような気がした。

品川33
ひ32-63

2. フェラーリ美術館

「GTO」が来たよ。松田芳穂さんの「フェラーリ美術館」には当時の代理店「コーンズ＆カンパニー」を介して正規輸入された第一号車が納められた、と報せをいただいた。シャシーナンバー55237だが、登録の際にエンジンルーム内にある本来の刻印はXXXで潰されていた。

「フェラーリ美術館」の「GTO」はインテリアに黒と赤があしらわれ、とても艶やかな印象だ。グローヴボックスがない代わりに左に小物置き、ドア内側にフタ付ポケットが用意される。なによりも助手席前、赤の布地の部分に「GTO」のロゴがなんとも誇らし気だ。ドアに埋め込まれたスピーカーにも黄色地の「 Ferrari GTO 」の小さなプレートが取付けられている。わざわざ数百台のためにつくられたのだろうか。

いつものように芝生の緑が眩しいほどのガーデンに、これまた眩しいほど鮮やかな赤塗色の「GTO」が置かれていた。それこそ「F40」も「F50」も並んでいたフェラーリ美術館。果たして「GTO」はどういった評価だったのあろう。

陽がとおに傾いて暮れようとしていた頃、美術館に戻すために建物のしたに置かれた。ほぼ真上に近い絶好のアングルに、慌てて片付けていたカメラを取出し、撮影したのが右の写真。

色がきちんと再現できていないのが残念だが、大きくフレアした前後のフェンダ、かなりの部分がキャブに侵入しているのではないかと思わせるエンジンなど、いろいろなことが考察される。着座ポジションが思いのほか前方に位置しているのも、シフトレヴァから想像できてしまう。やはり「GTO」は稀有の存在だ。

3. 土浦港/霞ヶ浦ヨットハーバー

号成祥

土浦といえば長く専門ショップ「レーシングサービスディノ」を営んでいる切替 徹さんを忘れるわけにはいくまい。それこそ好きが嵩じて仕事にしてしまったひとりだ。

この日、半日に渡って「GTO」を貸してくださる、という。前もってロケハンしておいた港の広い駐車場を目指した。それにしても「GTO」のパフォーマンスは圧倒的であった。のちのち「F40」や「F50」のステアリングを握る機会を得たが、一番過激なのは「GTO」。「F40」は荒々しい部分を抑えつつ性能アップした印象、「F50」に至ってはラグジュアリ感さえ漂う超高性能、といった感じだった。

「GTO」は、まだそこまで見直す余裕がなく、ただただ高性能を追求したとりあえずの結果、というような荒削りだがその分容赦ない歯ごたえが残されていた。

四半世紀経ってもあのときの加速感が思い返せる、そんな強烈なインパクトに包み込まれていた。港に着いて、写真を撮る気になるまでに少しばかりの準備時間が要ったほどだ。

それにしてもこの「GTO」を乗りこなすのだから、「GTO」オーナーは並外れたエネルギイの持ち主、と想像される。それを含め、いままでにない「スペチアーレ」を認識したのだった。

それにしても天気は上々、撮影にはもってこいの最良の条件、であった。ひと気もない広い空間のなかで、ひとつ「GTO」が唯ならない存在感をみせてそこに佇んでいる。ハッセルブラドのプラナーレンズは、微妙な空気感まで写し込んでくれる。

とりあえず撮りたかった角度の全体写真を撮り終えると、しだいに細部、それも美しいボディに写り込むセンシティヴな陰影に興味がいった。「GTO」の周りをなん回巡っただろう。とにかく飽きることがなかった。

また色合いが微妙に変化していく。陽が傾きはじめたのだ。「GTO」をこんなにじっくり撮影できるなんて、滅多と経験できることではない。この時間がいつまでもつづいて欲しい…

ふと我に返って、切替さんに心配かけてはいけない、去りがたい気持ちを収めて、撮影を切上げた。

そこからの帰り道、「GTO」の美しいスタイリングからは想像もできないほどのハードな走りを味わいながら、忘れることのできないひとときを締めくくったのであった。

Ferrari

FUEL

4. イタリア　トリノ

それは思い出すだにすごい旅であった。当時の「GENROQ」誌編集長、明嵐正彦さんに誘っていただいて、イタリアに取材行に出掛けた。ゲストは池沢さとし（現、早人師）先生。「サーキットの狼」の作者にして、「レスポンスの GEN」を「GENROQ」誌に連載中であった。

で、ランボルギーニ本社、フェラーリ本社、さらにはフィオラーノのテストコースまで使ってフェラーリ F50 やランボルギーニ・ディアブロ SV を取材するという、息つく暇のないようなイタリアであった。

そのもうひとつのハイライトがさるミリオネアの訪問。体育館ほどの広いガレージには、目を見張るクルマが詰り、専属のメカニックがいて… というような桁外れの富豪。所有する「GTO」「F40」「F50」を連ねてテストコースを使ってヴィデオ取材するという。

そこまでの道中、オーナーの駆るフェラーリ F50 の隣席で、となりを走る「GTO」の併走写真を撮る。「GTO」の助手席には明嵐さんの姿が。その加速感、サウンド、室内の佇まい、それらを楽しんでいるかのよう。

それにしても、一台いるだけでもその存在感迫力に圧倒されてしまう「スペチアーレ・フェラーリ」が揃いも揃って三台も並ぶのだから、その光景は圧倒的だ。イタリアの高速道路「オート・デル・ソーレ」のパーキングに停まろうものなら、すぐにひとが集まって来て、挙句にはパトカーでポリスマンが駆けつける始末。いや、そのポリスマンもじつはフェラーリを見に来ただけなのだが。

いかにもイタリア的おおらかさのなかで、オーナーもテストコースラン走行シーンを眺めたり走らせたりして楽しんでいる。それにしてもこの三台、1984年のフェラーリ288GTO、1987年のF40、1995年のF50とその進化のようす、それぞれのスタイリングやスペックなどの変化が興味深い。

F40は288GTOの発展型というべきメカニズムに独自のボディを組合わせてできている。スタイリングにおいては、フェラーリらしさという要素をすべてかなぐり捨てて、パフォーマンス一途という印象が感じられる。それもこれも、エンツオ・フェラーリの「遺言」というような切羽詰まった感も含まれていよう。

対して、F50になると、いかにもフェラーリらしさを盛り込んで、しかもスーパーな性能を実現する、というどこかゆとりを取り戻した余裕めいた一面が覗けたりする。エンジンもしっかりV12気筒に戻った。

左の写真、池沢先生はやはり当時最新のF50が興味津々のようすで、周囲をぐるぐる巡って観察に余念がなかった。

のちになってからだが、三台ともステアリングを握るチャンスが与えられて、F40のとてつもないパフォーマンス、F50の落ち着いた高性能などを堪能しつつ、やはりフェラーリ288GTOの存在の大きさを感じずにはいられなかった。

「グループB」という市販モデルのイメージを残したレースカーが、「スペチアーレ」なる新たなニーズを掘り起こした、存在そのものが奇跡のような気さえしてしまう。そしてフェラーリ308GTBのシルエットを持つことの素晴らしさをも。

それは「跳ね馬」のエンブレムを着け、フェラーリ好きの熱い視線を集めているF40もF50も素晴らしいということに異論はないのだが、やはり288GTOは格別だ。

308GTBを意識しつつ詰め込まれたメカニズムの凄さとそのレイアウトまでを観察すると、レーシング・フィールドで培われてきたフェラーリのキャリアは伊達ではないとつくずく思わされてしまうのだ。

F50からこんにちに至る流れを見るにつけ、288GTOのようなクルマは二度と現われ得ないと実感する。それだけに忘れられないのである。

GTO
TO D

V8フェラーリ 最初の15年の物語

□ 最初期の８気筒エンジン
フェラーリがまだフェラーリ社を興す前、「AAC」というブランド名でつくったAAC815。８気筒1.5ℓエンジン搭載だが、V8ではなくて直列８気筒だった。

□ ウラコとディーノ
ディーノ246GTの成功に、新興ランボルギーニ社が「ディーノ・イーター」として送り出したウラコのカタログと、フェラーリの返答というべきディーノ308GT4。

フェラーリにとってひとつの代表作のようにかた語られる「V8フェラーリ」。12気筒でなければフェラーリではない、といわれた時代は、もはや遠くむかしの語り草のように聞こえるほど、いまやV8フェラーリは定着している。小型フェラーリ「ピッコロ・フェラーリ」などと愛称されたのはいつの頃だろうか。いまやフルサイズ・フェラーリに劣らぬサイズと存在感を有するに至っては、佳き時代のV8フェラーリには別の魅力が備わっていたようにも思えてしまう。

ポルシェではないけれど「ナロウ・フェラーリ」、スレンダーで美しい端正なフェラーリをそう呼びたくなってくる。まずはV8フェラーリ誕生までのバックグラウンドを探ってみよう。

● はじまりは８気筒エンジン

フェラーリV8エンジンよりも前に、ひとつの「物語」がある。フェラーリが初めて自らの手で送り出したクルマは、じつは８気筒エンジン搭載のレースカーであった。

そもそもフェラーリがフェラーリを名乗るより前、正しくいえばアルファ・ロメオからの独立劇の時の契約で、フェラーリの名を使うことが許されていなかった「フェラーリ前史」というべき時代。モデナの小さなワークショップから送り出したレーシング・スポーツカーは、AAC815という名の８気筒、1.5ℓエンジン搭載車であった。1930年代末の話である。

「AAC」とは、「Auto Avio Construzione」の頭文字、8気筒はフィアット508Cの直列4気筒1.1ℓエンジンを2基使った8気筒、V8ではなく直列8気筒1.5ℓというものであった。2台がつくられて、1940年のミッレミリアにはその2台のAAC815が参戦した記録がある。

その後、フェラーリ社が設立されて以降も、1950年代にはランチアから引継いだV8エンジン搭載のF1マシーン、D50がフェラーリ・ランチア801として活躍したし、1960年代にはフェラーリ158F1、248SPなども登場して、レーシング・フィールドにはV8エンジンの足跡が残されている。

しかし、フェラーリといえばやはりV12気筒エンジンが売りものであり、量産モデルとしては1973年のディーノ308GT4で、初めてV8エンジンの道が拓かれた、といっていい。

● ランボの挑発を受けて…

ディーノはフェラーリで生み出されながらフェラーリを名乗らない佳き時代のブランド。V6エンジンを搭載したディーノ・ベルリネッタが大きなヒットとなり、その後のフェラーリ社の方向性までも変化させるきっかけとなったのは、歴史を振り返ってみるまでもなく、多くが認めるところだ。

その成功は、なにもフェラーリだけに影響を与えたにとどまらず、当時のスーパーカー・マーケットにも一石を投じた。「ディーノ・イーター」を名乗る新興ランボルギーニ社のウラコは、とりわけ解りやすい存在だった。

ディーノ246GTのV6より2気筒多いV8気筒。排気量もひと回り大きな2.5ℓで、パワーもディーノ246GTの195PSに対して220PSを謳った。それで、リアに＋2シートを設けて2シーターのディーノより優位なことを主張して送り出されたものだ。

もちろんフェラーリが黙って見過ごすわけはあるまい。ディーノ246GTシリーズのヒットで得た資金を元に、新しいエンジンが開発された。そのひとつがバンク角180°のV12気筒、すなわち「BB」用のボクサー・エンジン、そしてもうひとつが90°V8エンジンである。

「BB」用のエンジンは前モデル「デイトナ」を引継いで、φ81.0×71.0mmというボア、ストロークを持つ。初期のフェラーリ流に1気筒の排気量で表わすと「365」、12気筒で4.4ℓだ。これをそのまま2/3にして8気筒にすれば、3.0ℓ、正確には2926.82ccの排気量になる。

パワーも255PSを発揮して、しっかりランボルギーニ・ウラコに後塵を浴びせることができる。さらに「いつもの」ピニンファリーナではなくてランボルギーニ社御用達のようになっていたカロッツェリア・ベルトーネ社に2＋2ボディを架装させたのだから、まさしく趣意返し、というものであろう。

ランボルギーニもすぐに2996ccに排気量アップ、260PSのウラコP300で巻き返しを図る。だが、決定的な優位ポイントとして、フェラーリV8はDOHC、4カムシャフトに対しウラコはSOHCだった。

いずれにせよ、面白い時代。かくして、フェラーリV8エンジンはあれよあれよという間に世に送り出されることになった印象がある。

1973年10月のパリ・サロンでV8エンジン搭載のディーノ308GT4はヴェイルを脱いだのだった。「308」はいうまでもなく3.0ℓ、8気筒に由来する。ディーノ246GTは小型フェラーリの先陣として、そののちしばらくは併売がつづけられる。

● 1970年代のフェラーリ

ベルトーネによるディーノ308GT4は、フェラーリ好きの嗜好にはいまひとつ合っていなかったようだ。最近でこそ、別の魅力を感じた愛好家が増加しているが、デビュウ当初は最大のマーケットである北米から「改善」の要求が突きつけられていた、という。

□ ディーノ 246GT とフェラーリ 308GTB
小型エンジン横置き搭載ミドシップのベルリネッタとして、ディーノ 246GT を引継ぐ待望のフェラーリ 308GTB。ディーノではなくフェラーリ・ブランドが魅力。

□ フェラーリ 412 とフェラーリ 328GTS
エンジン排気量アップとともにボディ内外もリファインされたフェラーリ 328GTS。ビルトイン・バンパーなど、施された手法はフェラーリ 400i → 412 のチェンジに倣う。

それは、ディーノ 246GT に代わる新しい V8 フェラーリ。誰もが納得する新しい「小型フェラーリ」の出現、であった。1975 年秋のパリ・サロンで発表されたそれは、ディーノではなくちゃんとフェラーリを名乗り、もちろん「跳ね馬」のエンブレムを鼻先にかざしていた。ピニンファリーナによるスタイリングもディーノ 246GT のモティーフをいくつか引継ぎ、しかも 1970 年代後半の直線的でウェッジの効いた端正で美しく、しかも抑揚のあるものに仕上がっていた。

いうまでもない、それがフェラーリ 308GTB である。

振り返れば解ることだが、その当時いわば「ママッ子扱い」だった V8 エンジン搭載のディーノ・シリーズが、ちゃんとフェラーリとして認められた、というような評論がともするとそのニュウモデルそのものよりも大きかったりした。曰く、フェラーリのバッジが付いた、ちゃんとピニンファリーナのデザインになった等々。シャシー番号もフェラーリの伝統に則って奇数番号が打刻された。

変化の詳細は別項に譲るが、ここでは大きな流れを追っておこう。

● フェラーリ 308GTB の軌跡

初期のフェラーリ 308GTB は FRP ボディが最大の特徴であった。V8 エンジンは基本的にはドライサンプが採用されていた。

また登場間なしから排出ガス基準、安全基準などの対策のために「北米仕様」が設けられる。それは、ウェットサンプであったり、灯火類の色やサイズが異なっていたりしたといわれるが、きっちりと区別はしにくい。

初期モデルの多くは、出現を心待ちにしていた北米に渡った。しかし、生産は思うようには進まなかったようで、1976 年も後半、シャシー番号でいうと 19401 〜になって急に軌道に乗った感がある。「BB」や 2+2 のフェラーリ 365GT4 2+2 が好調に販売されていた。

大方の好評で迎えられたフェラーリ 308GTBだったが、さらに「北米」の好みを加えたモデルが追加される。それは 1977 年 9 月のフランクフルト・ショウで展示されたフェラーリ 308GTS。脱着可能なタルガトップを備えたオープンモデルだ。

ディーノ時代から、タルガは「スパイダー」と解釈され、ベルリネッタの「B」の代わりに「S」のモデル名が付く。

308GTS はスティール・ボディで、これに先立ってスティール製ボディの 308GTB も登場しており、おもに北米に輸出された。欧州仕様では 1977 年まで FRP ボディが存在した。

また、ディーノ 308GT4 もフェラーリのエンブレムを付け、フェラーリ 308GT4 となる。

また同じ 1977 年のジュネーヴ・ショウには、大きなオーヴァフェンダを持つ、レーシングタイプがピニンファリーナ・ブースに飾られ、注目を集めた。

● 逆境からの復活、そして…

1970 年代後半から 80 年代に掛けては、速いクルマにとって暗黒の時代。フェラーリもその「対策」への対応に追われ、いち時は性能的に大きくダウンする。

1980 年秋から排出ガス規制に対応するためにインジェクションを付加したティーポ F106Bになる。

その年の春のジュネーヴ・ショウで発表されたフェラーリ・モンディアル 8 からのフィードバックであったが、V8 ユニットが先のディーノ 308GT4 でヴェイルを脱いだのと似て、まるで 2 + 2 でテストをして、本命ベルリネッタに使用する、そうしたフェラーリのルーティンであるかのような印象を受けたものだ。

この時点でパワーは 205PS（日本仕様）にまでドロップした。

それについては、1982 年 10 月のパリ・サロンでひとつの解答が示される。「クアットロヴァルヴォーレ」、気筒あたり 4 ヴァルヴの新エンジンである。パワーは 235 ～ 240PS にまで挽回した。それは数字で表わされた以上に、全体のエンジン・フィーリングから感じられるもので、フェラーリが戻ってきた、という感慨を強く持ったものだ。これで息を吹き返したフェラーリ 308GTB/GTS シリーズは、さらなる進化をつづけることになる。

フェラーリ 308GTB シリーズとほぼ同じくして登場した「BB」は 1984 年にテスタロッサに大きく変身、一方、2 + 2 のディーノ→フェラーリ 308GT4 は 1980 年にフェードアウト。代わってフェラーリ・モンディアルのシリーズが登場する。それに V12 エンジン搭載の 2 + 2 であるフェラーリ 400 → 400i → 412 が、1980 年代中盤までのフェラーリのラインアップを形成していた。

1985 年のフランクフルト・ショウ。ポルシェ 959、日産 MID4 なども並んでいたそのショウで 2 台のフェラーリが発表された。赤のモンディアル 3.2 カブリオレと 328GTB である。

フェラーリ 328GTB/GTS はじめ、「328」の名が示すように、それらには 3186cc に排気量アップされたティーポ F105C エンジンが搭載され、パワーも 270PS を得ていた。それとともにボディ内外もピニンファリーナ自身の手によってリファインされている。

先のフェラーリ 400 i → 412 の手法をそっくり 308GTB に盛り込んだ印象だが、その効果は絶大で、さすがピニンファリーナ、これでもうひと時代は生き延びれるだけの新鮮さを取り戻したと思わせた。

エンジン排気量アップの効果も大きく、高性能を絞り出す印象から、すっかり気楽に高性能を享受する、ラグジュアリの方向に舵を切ったようにも感じさせた。

このあのちは 1989 年、ドラスティックにチェンジを果たしたエンジン縦置きミドシップのフェラーリ 348t、さらにはフェラーリ F355 と、「V8 フェラーリ」第二世代につづくのである。

V8 Ferrari 308の時代

「V8 フェラーリ」、ここで採り上げるフェラーリ 308GTB のシリーズは、いうなれば前作であるディーノ 246GT とディーノ 308GT4 の経験を最大限に活かしてまとめあげられた、といっていい。したがって、メカニズム的に見ても、それらの集大成的な印象が強い。

いまや佳き時代のアイディアが凝らされているそのメカニズム、概略をまとめておこう。

◎ 90° V8 DOHC 横置きミドシップ

エンジンはいうまでもなく先のディーノ 308GT4 とともにデビュウしていたものだ。すなわち量産された V8 エンジンは、基本的には前作ディーノ 206GT 以来の V6 エンジンの方式を継承しつつも、同時に開発された「BB」用ティーポ F102B エンジンとの共通点も多く発見できるものになっていた。ボア、ストロークをはじめとして、共有を前提に開発されたのだから当然のことではある。

90°のバンク角を持つ V8 気筒。クランクシャフトからのパワーはクラッチを経たのち、3 段のアイドラーギアで下方に導かれ、5 段のギアボックスに伝えられる。この辺りの仕組みはディーノ 206GT 以来のものだ。

左下の写真でクラッチ、アイドラーギア、そしてディファレンシャルの位置関係が解ろう。

□ フェラーリ F106 系 V8 エンジン
左はフェラーリ 308GTB 用エンジン。吸気部分にカヴァが付けられているが、その下は 4 基のウエーバー・キャブ。エンジンから取出されたパワーはクラッチを経て、三枚のギアを使って下方のギアボックスに伝えられる。上と右は 3.2ℓ になりインジェクション付となった F105C の一部カットモデル。

このエンジン、ギアボックス一体となったパワートレインが、キャビン直後に横置きレイアウトされ、ミドシップを形成する。

下の写真は最終形のフェラーリ 328GTB 用 3.2ℓエンジンの一部カットモデル。気筒あたり4ヴァルヴ「クアットロヴァルヴォーレ」のようすがよく解る。また、ディファレンシャル部分、クラッチ、アイドラーギアも見て取れる。

エンジンは、前後四ヶ所でマウントされるほか、揺れ止めのためにカムカヴァとエンジンルーム後壁を結ぶトルクロッドが付けられる。

◎ **パイプフレーム・シャシー**

フェラーリ 308GTB の時代まで、フェラーリは伝統的なパイプフレームを使用してきた。左右の楕円形断面のパイプを中心に、エンジンベイ、またフロント部分などは角形鋼管などを中心としたサブフレームが組合わされていた。

サスペンションはいたってオーソドックスに上下不等長Aアームを用いたダブルウィッシュボーン+コイル。それにスタビライザーが組込まれていた。ショックアブソーバーはコニ社製が用いられた。

ステアリングはノンパワーのラック&ピニオン、ブレーキは前後ともヴェンティレイテド・ディスクでホイールはクロモドラ… とフェラーリの流儀をそのまま備えている。

◎ **スカリエッティ製ボディ**

初期のフェラーリ 308GTB が、フェラーリ量産モデルとして初めて FRP を素材として形づくられていたことは本文でも述べた通りだ。

その後順次スティール製ボディに変化していったが、人気だったディーノ 246GTS を受継ぐ「タルガトップ」のフェラーリ 308GTS は最初からすべてがスティール・ボディ、取り外せるルーフ部分が FRP であった。FRP ボディ時代を含め、生産はカロッツェリア・スカリエッティが受持った。

いくつかのチェンジを受けて、ボディ内外は少しずつ変化していくが、基本フォルムは変わることなく、美しいままであった。

当初から北米市場への投入が大きな目的だったことから、欧州仕様、北米仕様などいくつものヴァリエイションがつくられた。とくに北米ではいくつもの規制が加えられる時期でもあったことから、灯火類の規定への対応、安全基準への対応、さらには排出ガス規制への対応など、いくつもの変更が迫られた。

日本市場へは 1978 年 10 月以降、輸入代理店となったコーンズ&カンパニーによって、積極的に「日本仕様」が準備された。

◎ **各部の変遷**

別項で時代ごとのそれぞれについては詳述していくが、各時代における変遷は直接並べて比較した方が解りやすいだろう。

次頁からいくつかの識別ポイント部分に分けて紹介していく。

◎ フロント・ルーヴァ

◎ エンジンルーム・ルーヴァ

□ エンジンフード　各タイプ
上から初期のフェラーリ 308GTS、ルーヴァが追加されたフェラーリ 308GTSi、ルーフ後端にスポイラーが追加されたフェラーリ 328GTB。ルーヴァはアルミ製で黒塗装された。

□ フロント　各タイプ
上から初期のフェラーリ 308GTB、ルーヴァが黒塗装されたフェラーリ 308GTBi、中央にもエア抜きルーヴァが追加されたフェラーリ 308「クアットロヴァルヴォーレ」、そして下がフェラーリ 328GTB の時代のフロントフード。

◎ ドアミラー

□ ドアミラー　各タイプ
上から初期のフェラーリ 308GTB、電動ミラーが採用になったフェラーリ 308GTSi、「跳ね馬」マークが付けられたフェラーリ 308「クアットロヴァルヴォーレ」GTB。

◎ テールランプ周辺

□ テールランプ周辺
初期のフェラーリ 308GTB は方向指示ランプがアンバー一色、バックアップランプはバンパー組込みが特徴。GTS の登場の頃から、方向指示ランプに組込まれ、ブレーキランプ中央はリフレクターになる。次はフェラーリ 308GTSi。「クアットロヴァルヴォーレ」では GTB/GTS の文字がなくなる。下はフェラーリ 328GTS。バンパーがビルトインに変わった。

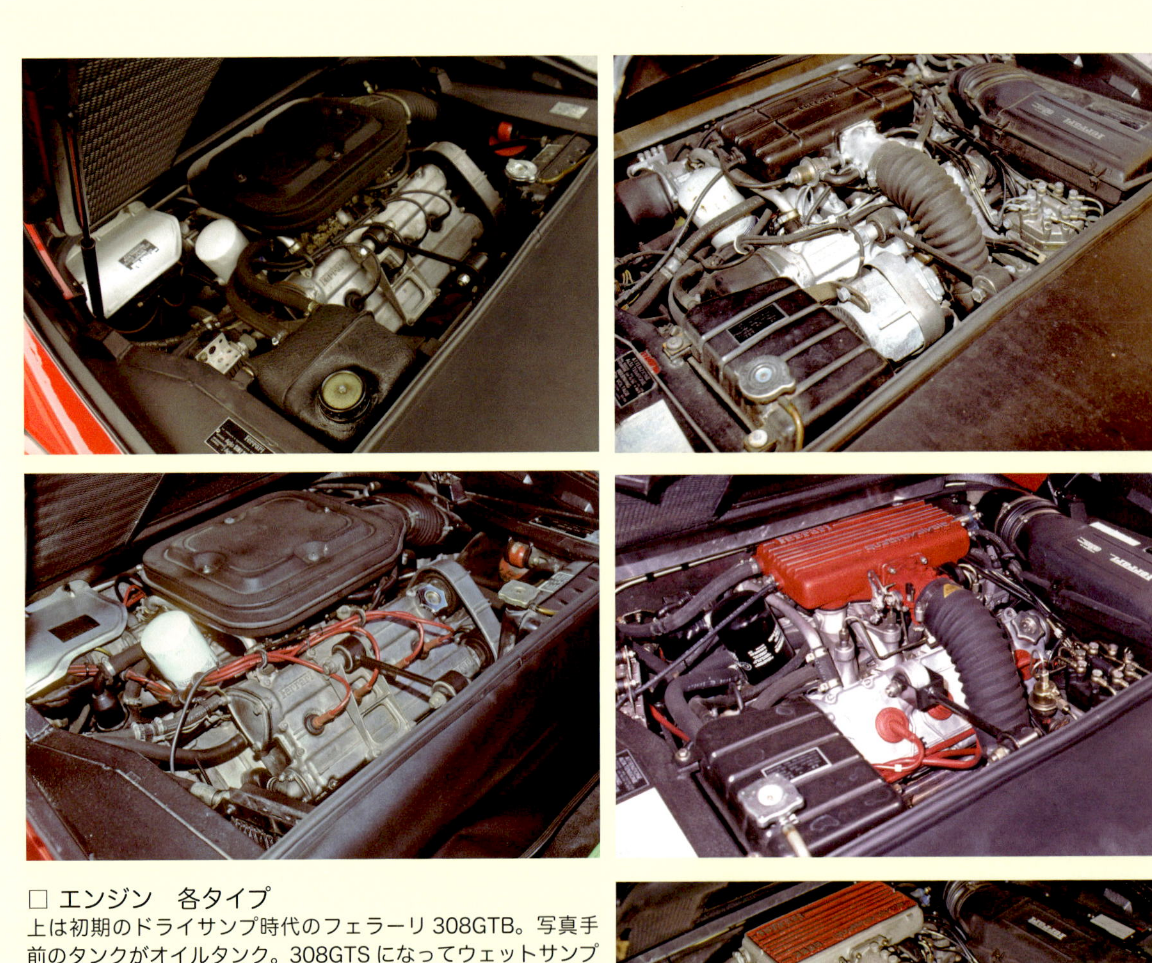

□ エンジン　各タイプ
上は初期のドライサンプ時代のフェラーリ 308GTB。写真手前のタンクがオイルタンク。308GTS になってウェットサンプになり、タンクはなくなる。右列はインジェクション導入後の各タイプ。上からフェラーリ 308GTBi、フェラーリ 308「クアットロヴァルヴォーレ」、そして下がフェラーリ 328GTB。それぞれエアチャンバのデザイン。色が変更になっている。

□ キャブ時代のエンジン
キャブ時代、エアフィルタ部分を外した状態。４基装着されたウエーバー・キャブのようすがよく解る。ウェットサンプエンジンを搭載するフェラーリ 308GTS。

◎ ドアノブの変化

◎ GTS の給油口

□ ドアノブの変化
フェラーリ 308GTB シリーズには、独特の形状のドアノブが付けられていた。フェラーリ 328GTB になって一般的なプル式、ボディと同色ののドアノブにに変更されてしまった。

□ GTS の給油口
フェラーリ 308GTS は、リアクウォータ部分にルーヴァ状のカヴァが付き、キイでそれを開くことで、給油口が現われる。リーヴァの内側はしっかりガラスのウィンドウがあり通気はしない。

◎ エンジンオイル等容量

	フェラーリ 308GTB /GTS	フェラーリ 308GTBi /GTSi	フェラーリ 308qvGTB /GTS	フェラーリ 328GTB /GTS
CAPACITY				
フューエル	スーパー 98/100 オクタン	←	←	←
容　量	74ℓ	←（US 仕様：70ℓ）	←	←
ラジエータ	18.0ℓ	←	←	22.0ℓ
エンジン・オイル	Agip Sint2000 SAE 10W50	←	←	←
容　量(フィルタ共)	11ℓ（ドライサンプ）、9ℓ	8ℓ	10ℓ	←
フィルタ	カートリッジ式	←	←	←
ギアボックス＆デフ	Agip F1 Rotra MP SAE80W90	←	←	←
容　量	4ℓ	←	←	←
ステアリング・ギア油	Agip F1 Rotra MP SAE80W90	←	←	←
容　量	0.2ℓ ± 0.1ℓ	←	←	←

◎ 各モデル　スペック

	フェラーリ 308GTB ［北米仕様］	フェラーリ 308GTB/GTS < > =GTS
PRODUCT		
年　式	1975～77	1977～80
シャシー番号	18677～	20805～　<22619～>
DIMENSIONS		
最大寸法	4230 [4380] ×1720×1120mm	←
ホイールベース	2340mm	←
トレッド前 / 後	1460/1460mm	←
重　量	1080kg	1330kg　< 1360kg >
POWER UNIT		
エンジン型式	F106A （ドライサンプ）	F106A （ウェットサンプ）
	水冷 90° V8 気筒 DOHC	←
ボア × ストローク	φ 81.0×71.0mm	←
排気量	2926cc	←
圧縮比	8.8：1	←
出力	255PS/7700r.p.m.	← [240PS/7700r.p.m.]
トルク	30.0kg-m/5500r.p.m.	←
ブロック	アルミ + 鋳鉄ライナー	←
ヘッド	アルミ	←
カム駆動	コグド・ベルト	←
ヴァルヴ径 in/ex	φ 42.0　/　φ 36.8	←
ヴァルヴ挟角	46°	←
ヴァルヴ・タイミング	30°-50°-36°-28°	←
イグナイター	1 デスビ +1 コイル	←（2 デスビもあり）
キャブ	Weber40DCNF ×4	←
プラグ	Champion N7Y	←
DRIVE TRAIN		
クラッチ	乾燥単板　ワイヤ作動	←
ギアボックス	前進 5 段　全シンクロ　＊次頁に注釈あり	
プライマリ	27：30 = 1：111	27：30 = 1：111
1 速（総減速比）	1：3.077 [3.231]（1：12.669/1:13.303）	1：3.077（1：12.667）
2 速	1：2.118（1：8.719）	1：2.118（1：8.719）
3 速	1：1.524（1：6.274）	1：1.524（1：6.274）
4 速	1：1.120（1：4.611）	1：1.120（1：4.611）
5 速	1：0.833（1：3.405）	1：0.827 < 0.857 >（1：3.405）
後退	1：2.923（1：12.036）	1：3.017（1：12.419）
ディファレンシャル	17：63 = 1：3.705	←
CHASSIS		
サスペンション　前	不等長 A アーム+コイル+スタビライザ	←
後	不等長 A アーム+コイル+スタビライザ	←
ステアリング	ラック&ピニオン	←
ブレーキ　前	V ディスク	←
後	V ディスク	←
ホイール	アロイ（Cromodora）	←
サイズ　前	6 ½ J × 14	←
後	6 ½ J × 14	←
タイヤ	ミシュラン XWX	←
サイズ　前	205/70R14	←
後	205/70R14	←
スペア	3.5J + ミシュラン 105R18X	←
PERFORMANCE		
最高速度	255km/h	←
0-400m 加速	14.5sec.	←
0-1km　加速	26.2sec.	←

フェラーリ 308GTBi/GTSi	フェラーリ 308qv GTB/GTS	フェラーリ 328GTB/GTS
1980～82	1982～85	1985～89
31327～ ＜31309～＞	42809～ ＜41701～＞	58735～ ＜59301～＞
4425×1720×1120mm（北米/日本仕様）	←	4255×1730×1128mm
←	←	2350mm
←	←	1485/1465mm
1505kg ＜1527kg＞	1330kg ＜1341kg＞	1263kg ＜1273kg＞
F106B （ウェットサンプ）	F105AB （ウェットサンプ）	F105CB （ウェットサンプ）
←	水冷 90° V8 気筒 DOHC32 ヴァルヴ	水冷 90° V8 気筒 DOHC32 ヴァルヴ
←	←	φ 82.0×73.6mm
←	←	3185cc
←	9.2：1	9.8：1
205PS/6600r.p.m.	235PS/6800r.p.m.	270PS/7000r.p.m.
24.8kg-m/4600r.p.m.	25.5kg-m/5500r.p.m.	31.0kg-m/5500r.p.m.
←	アルミ＋ニカシル・ライナー	←
←	アルミ	←
←	コグド・ベルト	←
←	φ 29.0 / φ 26.0	←
←	33.3°	←
16°-48°-50°-14°	←	←
Marelli Digiplex		Marelli Microplex
Bosch k-Jetronic	Bosch k-Jetronic	←
Champion N7GY	Champion N6GY	Champion A6G（12mm 径）
←	←	←
27：30＝1：111	27：30＝1：111	27：30＝1：111
1：3.231（1：13.303）13/42	1：3.077（1：13.072）	1：3.077（1：12.670）
1：2.118（1：8.719）17/36	1：2.118（1：8.996）	1：2.118（1：8.719）
1：1.524（1：6.274）21/32	1：1.524（1：6.473）	1：1.524（1：6.274）
1：1.120（1：4.611）25/28	1：1.120（1：4.756）	1：1.120（1：4.610）
1：0.857（1：3.529）28/24	1：0.827（1：3.514）	1：0.827（1：3.407）
1：2.923（1：12.036）13/38	1：2.923（1：12.419）	1：2.923（1：12.039）
←	17：65＝1：3.824	17：63＝1：3.705
←	←	←
←	←	←
←	←	←
←	←	←
←	←	←
アロイ（Cromodora）	←	アロイ（Cromodora）
165TR390	←	7 J × 16
165TR390	←	8 J × 16
ミシュラン TRX	←	グッドイヤー
220/55VR390	←	205/55VR16
220/55VR390	←	225/50VR16
3.25B＋ミシュラン T105/80R18	←	3.25B＋グッドイヤー T105/80R18
←		←
236km/h	255km/h	263km/h
15.4sec.	14.5sec.	14.3sec.
27.0sec.	26.2sec.	25.7sec.

◎ V8 フェラーリ　1975～2000

Berlinetta/Spider

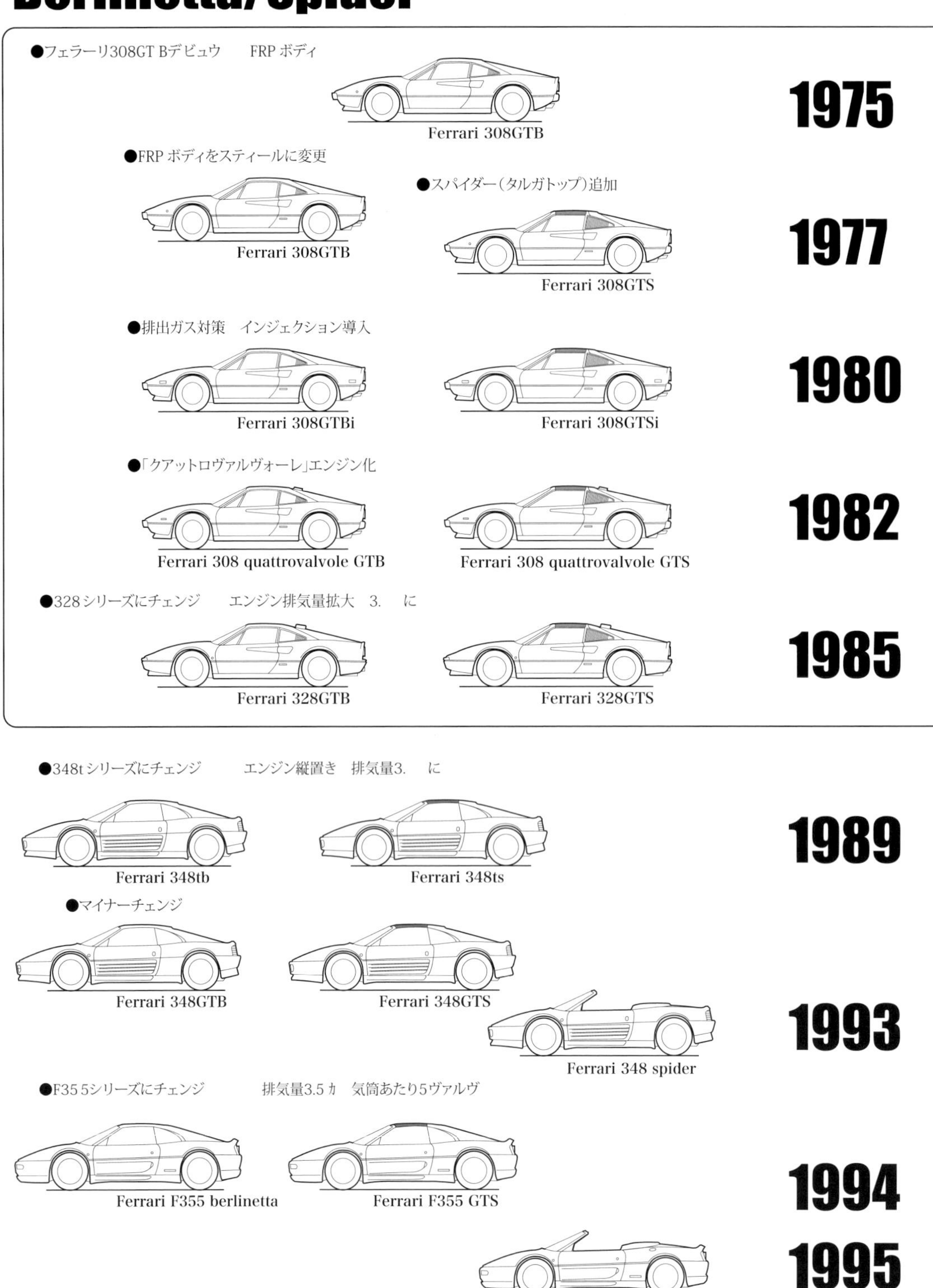

●モデルチェンジ　フェラーリ360モデナに

1999

2+2Coupe

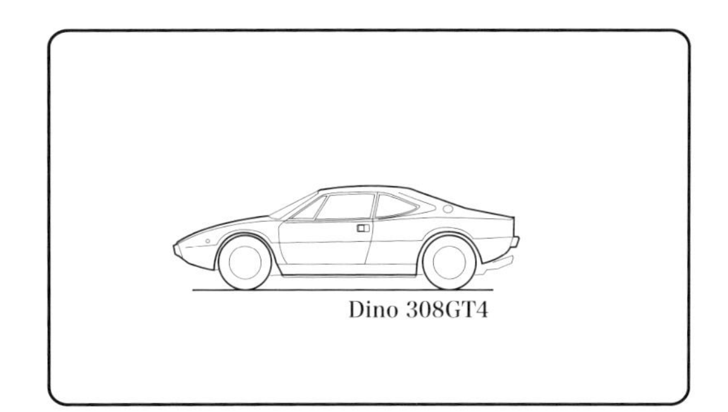
Dino 308GT4

2+2Coupe/Convertible

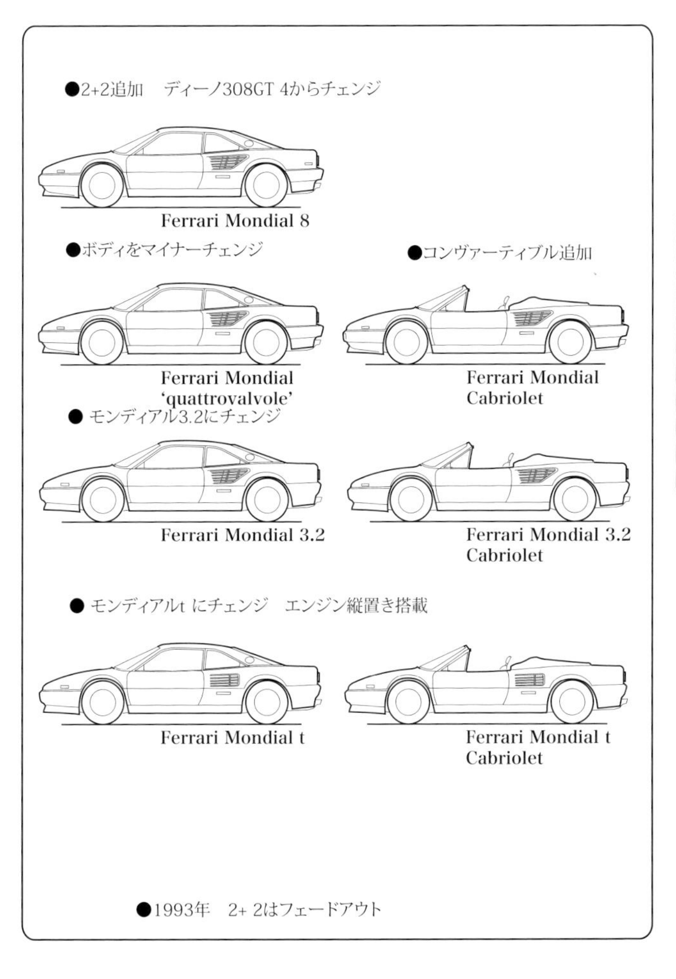

Speciale

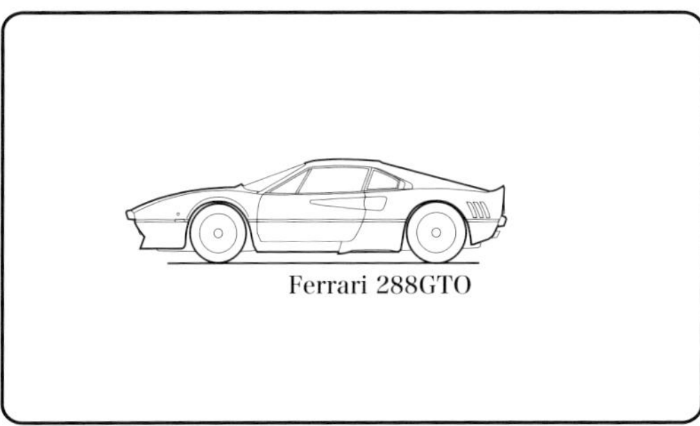
Ferrari 288GTO

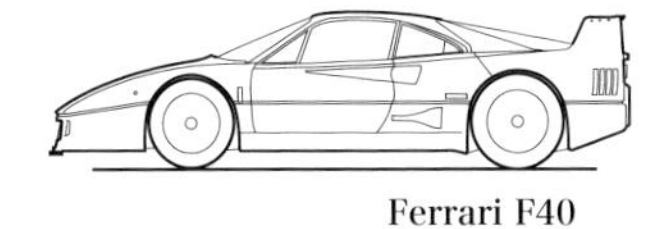
Ferrari F40

Ferrari 308GTB

1975~77

● **フェラーリ 308GTB（FRP）生産台数**
712 台

● **フェラーリ 308GTB（FRP）シャシーナンバー**
18677 ～ 21289

● **フェラーリ 308GTB（FRP）日本仕様**
輸入期間：正規輸入なし
販売価格：

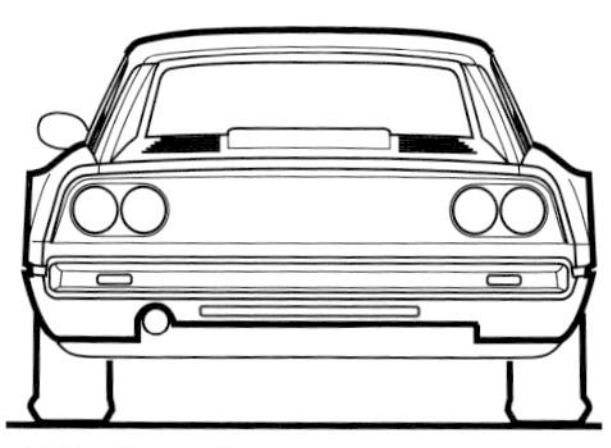

1976　Europe frp

待望の V8 エンジン搭載フェラーリ・ベルリネッタは、1975 年に発売となっている。発表はその年の 10 月に開催されたパリ・サロン。それまでに 2 台のプロトタイプ（シャシーナンバー 18317、18319）がつくられた記録があるが、じっさいの生産は 18677 からスタートし、次の 18679 がパリ・サロンに展示された。

ピニンファリーナ・デザインの 2 シーター・ベルリネッタということで、ディーノではなくフェラーリのブランド名が与えられ、「跳ね馬」のエンブレム、シャシーナンバーも奇数番号が刻まれた。

エンジンルームのフレームに取付けられたプレートによると、「F106AB（308GTB）」と記されているが、エンジン型式のところは F106A とだけで、あとは仕様を示す数字が付加えられている。しかし、エンジン型式もティーポ F106AB と呼ばれることが多い。

エンジンはいうまでもなくディーノ 308GT4 に搭載されたティーポ F106 系で、90°V6 気筒 DOHC2926cc だが、ディーノ 308GT4 と同じ 255PS とされた。たとえばディーノのウェットサンプがドライサンプになっていたりするなどの差異がみられる。

エンジンオイル用のタンクは後側のボードに取付けられており、そのオイル容量は 11.0ℓ と、ウェットサンプより 2.0ℓ 多い。オイルクーラーも備わり、オイルタンクのキャップにディップスティックがついていて、それでオイル量をチェックする。

初期のフェラーリ 308GTB は、鋼管フレーム＋ FRP ボディという構成が大きな特徴であっ

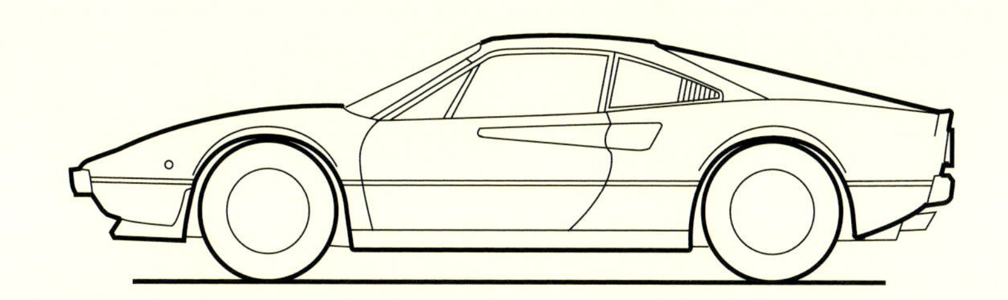

フェラーリ 308GTB	(1975～77)
エンジン型式	ティーポ F106AB
	水冷 V8 気筒 DOHC
エンジン排気量	2926 cc
ボア × ストローク	φ 81.0×71.0mm
エンジン出力	255PS/7700r.p.m.
最高速度	255 km/h
ホイールベース	2340 mm
ディメンジョン	4230x1720x1120mm
車重	1090 kg
シャシー番号	18677 ～
記　事	FRP ボディ車のスペック

た。楕円断面の鋼管を中心にしたフレームはディーノ 246GT 時代からほぼ同じ形態を引継ぎ、ホイールベースも 2340mm と同じだが、FRP ボディというのはこれまで経験したことのないものだった。生産開始までに大仕掛けの金型が用意できなかったから、あるいは、より軽量化を目指したため、などと理由が述べられているが、どれかひとつが理由というわけではあるまい。

ボディ生産はこれまでの多くのフェラーリ・モデル（含ディーノ 246GT）と同じく、カロッツェリア・スカリエッティが受け持った。

足周りも上下不等長 A アーム＋コイル＋スタビライザーという構造はディーノと同じだが、ホイールは「デイトナ」などと同じ意匠のクロモドラ・アロイホイールが装着された。スペアはフロントにテンパータイヤが搭載されたが、いずれもミシュラン XWX タイヤであった。

フェラ－リにとって初の FRP ボディ量産車となったわけだが、その仕上げは素晴らしいと評判で、ほとんどスティール・ボディと見分けがつかないほどであった。わずかに、ルーフ部分との継ぎ目が「A ピラー」部分に残されていることが、最大の識別点といわれる。

ナンバープレートで隠れて目立たないが、リアパネルはフラットで、のちのちのプレスの凹みは付けられていない。

またリアのフード部分一帯がそっくり取り外し可能になっていて、そのヒンジ部分は独特の形状をしている。

いうまでもなく 2 シーターで、インテリアはダッシュボードからドアにかけて一体感のあるデザイン。そのドア内側部分にパワーウィンドウのスウィッチ、隠れた位置にドアオープナーが付く。

FRP ボディは全部で 712 台がつくられ、のち順次スティールに変わっていった。

Ferrari 308GTB/GTS
1977~80

● **フェラーリ 308GTB/GTS 生産台数**

5404 台
うち 308GTB：2185 台
308GTS：3219 台

● **フェラーリ 308GTB/GTS シャシーナンバー**

308GTB：20805 ～ 34349
308GTS：22619 ～ 34501

● **フェラーリ 308GTB/GTS 日本仕様**

輸入期間：1978 年 10 月～ 82 年
販売価格：1170 万円（308GTB）
1230 万円（308GTS）

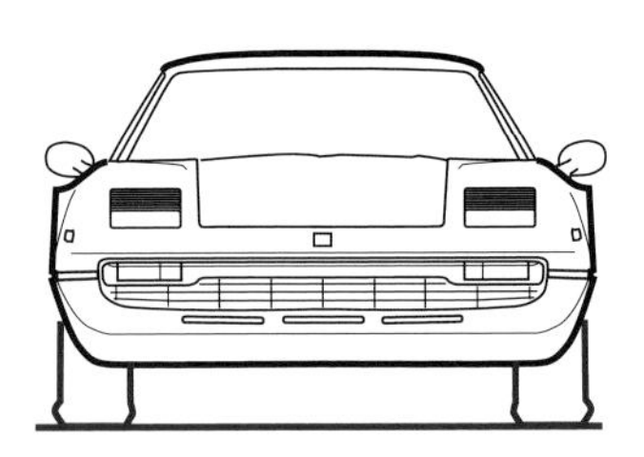

1977 Europe GTB

初期には FRP ボディではじまったフェラーリ 308GTB だが、途中 GTS が登場する前後からスティール・ボディに変わる。GTS の登場を受けて変化したという記述も見られるが、最初のスティール・ボディを持つフェラーリ 308GTB がつくられたのは 1976 年製のシャシー・ナンバー 19999。22000 番代からはじまるフェラーリ 308GTS が登場するよりもかなり早い時期である。

スティール・ボディはおもに米国向けなどに用いられ、最初の 19999 も米国に輸出された由。欧州仕様はかなり遅くまで FRP のままであった。FRP ボディの最終は 28219 とされている。したがって、この時期は二種類のボディが混在していたことになる。

スティール・ボディになってもほとんど気付かないほどで、外観上は変化なく初期のスタイリングが踏襲された。従来全体が取り外し可能だったエンジン・フードは、スティール・ボディでは脱着できなくなった。

フェラーリ 308GTS は、かつてのディーノ 246GTS と同様、ルーフ部分がそっくり取り外せる「タルガトップ」である。ベルリネッタの「B」に代わって、イタリア流にはスパイダーを表わす「S」が付けられるのも同じだ。ボディのアウトラインはほとんど変わりないが、リア・クウォータ部分にアルミ製黒塗色のルーヴァが付く。といっても、内側にはしっかりガラス製のウィンドウが付くから、ヴェンティレイションの機能はない。給油はそのルーヴァ全体を開くと、給油口が現われる。

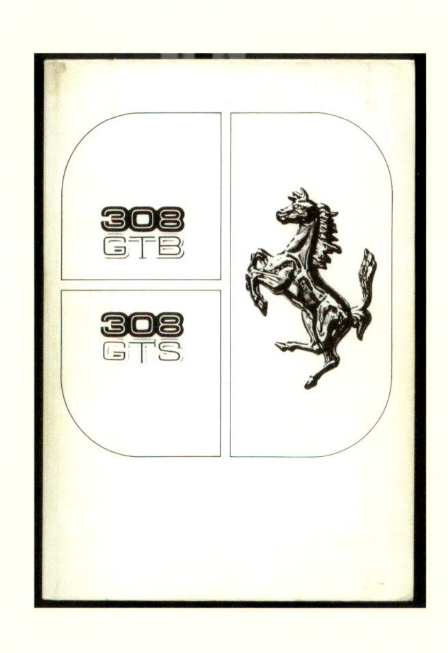

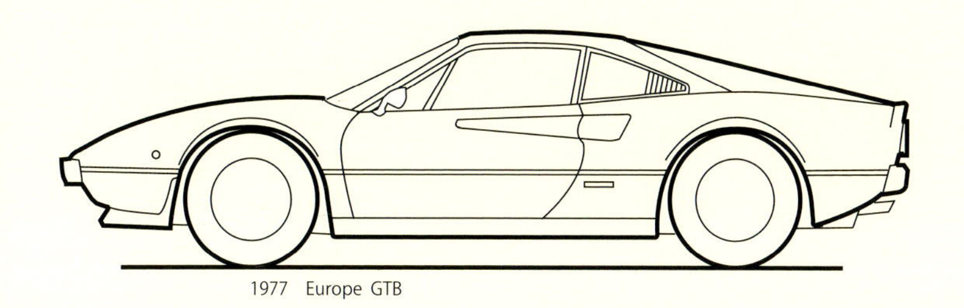
1977　Europe GTB

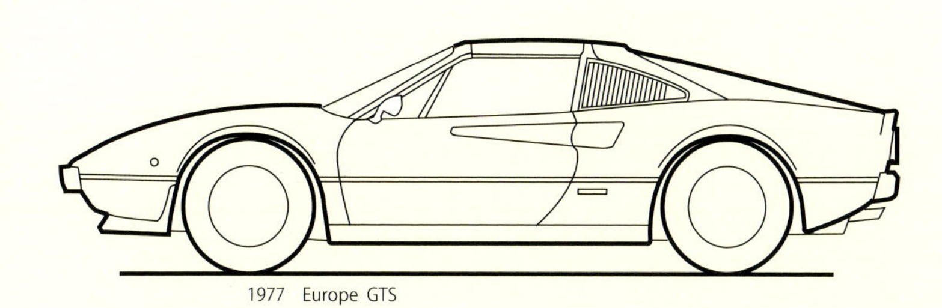
1977　Europe GTS

1977年9月のフランクフルト・ショウで発表されるや、待望のオープンということで、北米市場ではたちまち人気を得る。

フェラーリ308GTSは、エンジンがウェットサンプに変化したが、出力等は同じとされた。同時にGTBもウェットサンプになった、というのが定説だったが、ドライサンプのまま継続されたものが少なくなかった。

変わったようには見えないが、GTSのフロントのウインドスクリーンは上部の形状などが、オープン時の風に配慮した形になっている。後方の左右のフックを解き、前方のピンから引上げるようにして外したルーフは、カヴァしてシート後方のスペースに収納できる。

常識的にはオープンにした分、シャシーの補強等で重量増になったと思われ、GTBの1330kgに対して1360kgとされるが、最高速度等の性能的数値に変わりはない。

スティール・ボディのフェラーリ308GTBは2185台、GTSは3219台という生産記録がある。

1978年10月に日本総代理店としてコーンズ&カンパニーが名乗りをあげ、以後正規輸入を開始している。

フェラーリ 308GTB/GTS	(1977～1980)	
モデル名	フェラーリ F106AB（308GTB）	フェラーリ F106AS（308GTS）
エンジン型式	ティーポ F106AB　水冷 V8 気筒 DOHC	
エンジン排気量	2926 cc	
ボア × ストローク	φ 81.0×71.0mm	
エンジン出力	255PS/7700r.p.m.	
最高速度	255 km/h	
ホイールベース	2340 mm	
ディメンジョン	4230x1720x1120mm	
車重	1330 kg	1360 kg
シャシー番号	20805～	22619～

Ferrari 308GTBi/GTSi

1980~81

● フェラーリ 308GTBi/GTSi 生産台数

2233 台
うち 308GTBi：484 台
308GTSi：1749 台

● フェラーリ 308GTBi/GTSi シャシーナンバー

308GTBi：31327 ～ 43059
308GTSi：31309 ～ 43079

● フェラーリ 308GTBi/GTSi 日本仕様

輸入期間：1982 年秋～ 84 年
販売価格：1450 万円（308GTBi）
1590 万円（308GTSi）

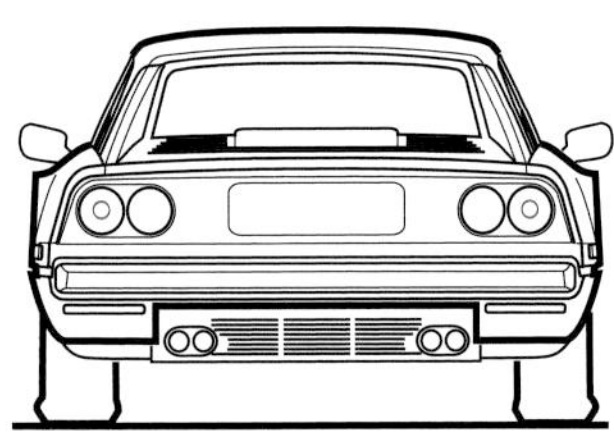

1982 Jpn GTB i

押寄せる規制の嵐に対応するために、フェラーリ 308GTB/GTS は 1980 年夏以降にインジェクションを導入してフェラーリ 308GTBi/GTSi にチェンジする。

そもそもフェラーリ 308GTB シリーズ全体の発想はディーノ 246GT から、エンジンはディーノ 308GT4 に開発された V8 気筒を搭載して成り立っていると前述した。

1980 年のチェンジも、ディーノ 308GT4 シリーズの後を受けて、新たに誕生したモンディアルが、フェラーリ 308 シリーズの先行試作の如き役割を果たすから面白い。

1980 年 3 月のジュネーヴ・ショウで発表されたモンディアル 8 は、ディーノ 308GT4 の後継にあたる 2 + 2 ミドシップで、ピニンファリーナによるボディを持ち、308GTB 同様もはやディーノではなくフェラーリ・ブランドでの登場であった。注目すべきはそのエンジンで、北米の「排出ガス規制」への対応を目して、それまでのウエーバー・キャブに代えてインジェクションを導入していたのである。

ボッシュ社製 K- ジェトロニックは、排出ガスを含むエンジン・コントロールをより正確精密にするためのものであったが、同時にエアポンプも導入してエンジン排出ガス規制に対応した。それにより、北米及び日本仕様などは 205PS（S.A.E.net）と大きくドロップする。欧州仕様は 214PS とされた。

しかしこれはなにもフェラーリに限ったことではなく、よくここまででとどまった印象もあった。

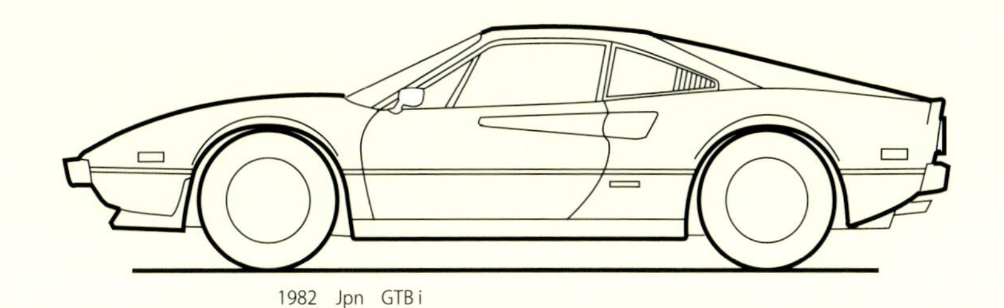

1982 Jpn GTB i

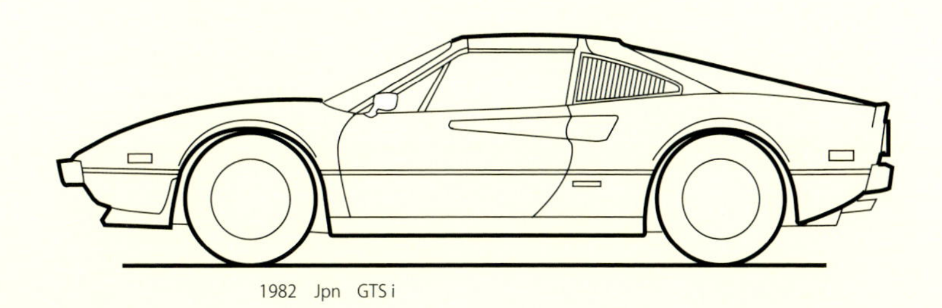

1982 Jpn GTS i

フェラーリ 308GTBi/GTSi (1980～1981)

モデル名	フェラーリ F106BB（308GTB）	フェラーリ F106BS（308GTS）
エンジン型式	ティーポ F106B 水冷 V8 気筒 DOHC	
エンジン排気量	2926 cc	
ボア × ストローク	φ 81.0×71.0mm	
エンジン出力	205PS/6600r.p.m.	
最高速度	236 km/h	
ホイールベース	2340 mm	
ディメンジョン	4425x1720x1120mm	
車重	1505 kg	1527 kg
シャシー番号	31327～	31309～

すべてのクルマ、特に速いクルマにとっては不幸な時代、であった。

インジェクション化により、エンジン型式はF106B（F106R040）型となり、フェラーリ308GTBi/GTSiはF106BB型とされた。エンジンルーム内にはアルミ鋳造のエア・チャンバが中央に位置し、フードを開いた時に印象も一変した。エグゾストパイプは左右2本ずつの4本マフラーが全モデルに採用となる。

ほかに、ボディ周りでも北米仕様が標準に近くなり、前後バンパーの大型化、ランプ類の大型化、エンジンフードのルーヴァ追加などが行なわれた。また、電動式ドアミラーが採用になり、四角い大きなものが着けられた。

室内ではステアリング・ホイールがそれまでの「モモ」から「ナルディ」に変更になったほか、ダッシュボード左下にあったメーターがセンター・コンソールに移設されるなど、スウィッチ類を含めコンソール一帯が変化した。シートパターンも新しくなっている。

重量も1505/1527kgと大幅に増加し、性能的にも目を覆いたくなるような有様であった。しかし、繰り返すが、よくぞここまででとどまったという評が出るほど、押し並べて高性能車には不幸な時代なのであった。

Ferrari 308 quattrovalvole GTB/GTS

1982~85

● **フェラーリ 308qv 生産台数**

3790 台

うち 308GTBqv：748 台

308GTSqv：3042 台

● **フェラーリ 308qv シャシーナンバー**

308GTBqv：42809 ～ 59071

308GTSqv：41701 ～ 59265

● **フェラーリ 308qv 日本仕様**

輸入期間：1984 ～ 86 年

販売価格：1370 万円（308GTBqv）

1393 万円（308GTSqv）

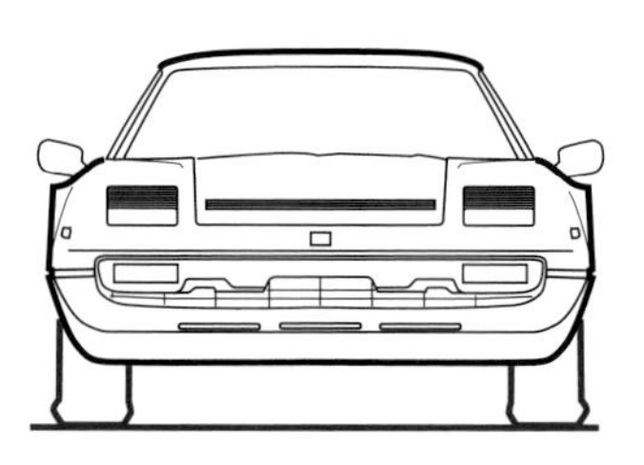

1984 Jpn qv

「クアットロヴァルヴォーレ」つまり気筒あたり 4 ヴァルヴを導入したことを謳って、フェラーリ復権の宣言になったのは 1982 年 10 月の 69 回パリ・サロンにおいて、であった。ブラックのモンディアルとイエロウの 308GTS の 2 台が並べられた。規制対応車が居並ぶなかで「さり気なく展示されていた」と当時の雑誌が伝えるほど、速いクルマが「悪」のように見られていた変な時代である。

しかし、そんななかで発表されたフェラーリ 308GTB/GTS は、しっかりとクリーンに高性能を取り戻していた印象がある。フェラーリ量産モデルとして、初めて気筒あたり 4 ヴァルヴを採用したエンジンは、新たに F105A と呼ばれるようになり、多くの変更を受けていた。

ボア、ストロークは不変だったが、それまでインレット / エグゾストでφ 42.0 / φ 36.8 だったヴァルヴがφ 29.0 / φ 26.0 に縮小され、狭角も 46°から 33.31°に狭められた。同時にシリンダライナーはニカシル・コーティングのアルミ製に変更された。

従前通り K - ジェトロニック・インジェクションを装着し、出力は 230PS ～ 240PS まで回復した。ちなみに、240PS は欧州仕様で 1983 年の北米仕様は 230PS、1984 年は 235PS、日本仕様も 235PS とされていた。しかし、改良の成果は大きく、一気にフェラーリらしい走りを取り戻した、と評判であった。これには、ファイナルのギア比を変更したことも寄与しているはずである。

エンジンルーム内、エアチャンバが赤塗りで「quattorovalvole」と浮彫りされたものに変更。

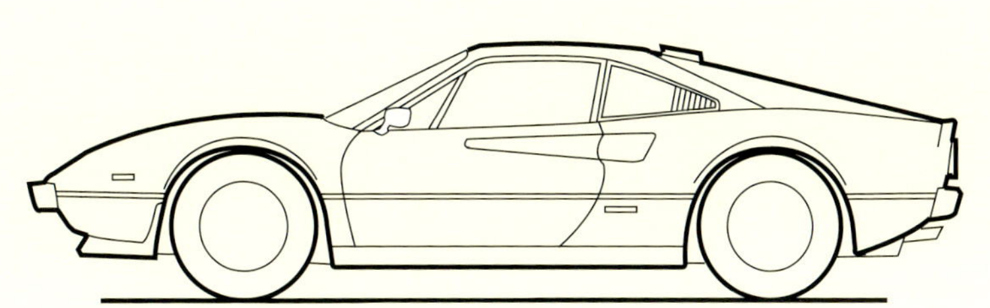

1984　Jpn　GTB quattrovalvole

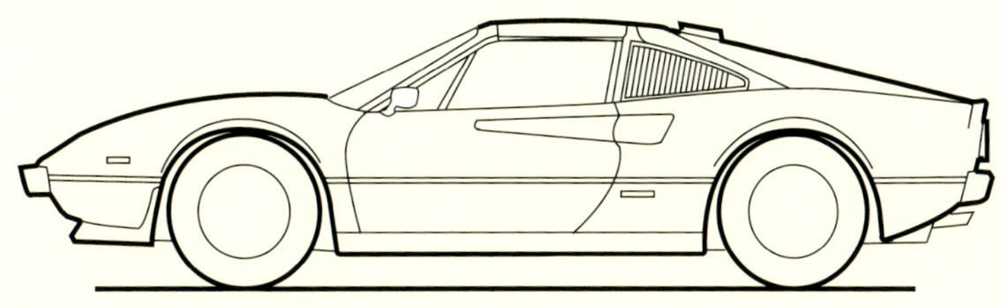

1984　Jpn　quattrovalvole GTS

ボディ内外での変更もいくつか見られる。一番の識別点になるのは、フロントフードにラジエータのエア抜きルーヴァが新設されたこと。それはヘッドランプ後方のルーヴァともどもマットの黒塗色されて、ひと際目立つようになっている。またフロントグリル内にドライヴィングランプが新設されており、顔付きが変わった印象を与える。

もうひとつ、特徴的なのはルーフ後端に新設されたスポイラー。これもブラック・フィニッシュで、じっさいの効果以上の視覚的アクセントを兼ねている。

あと特筆すべきこととして、タイヤの変更がある。ミショランTRXタイヤが採用になり、ホイールともどもmm規格に変更になった。220/55VR390というもので、ホイールも165TR390になった。390mmは15インチ+で扁平率55になった分径も大きくなったことになる。

またリアのエンブレムはGTBもGTSも共通で、「 308 quattrovalvole 」と記されるのみ。室内、助手席前に「GTBi」または「GTSi」のバッジが付く。なお「クアットロヴァルヴォーレ」は「qv」「4v」などと略記される。

室内はステアリング・ホイールが変更になったりしたが、基本的には先のモデルを引継いでいる。

いつもはモンディアルが先行試作のような役も受持っていることが多かったが、ここではフェラーリ308GTS qvが41701、モンディアル・クーペが41737のナンバーでつくられたのが最初とされている。

「クアットロヴァルヴォーレ」時代は、748台のベルリネッタと3042台のGTSが生産されている。

フェラーリ 308 quattrovalvole GTB/GTS　(1982～1984)

エンジン型式	ティーポF105A　水冷V8気筒DOHC32ヴァルヴ
エンジン排気量	2926 cc
ボア×ストローク	φ 81.0×71.0mm
エンジン出力	235PS/6800r.p.m.
最高速度	255 km/h
ホイールベース	2340 mm
ディメンジョン	4425x1720x1120mm
車重	1330 kg / 1341kg（GTS）
シャシー番号	41701 ～

Ferrari 328GTB/GTS

1985~89

● **フェラーリ 328 生産台数**

7412 台

うち 328GTB：1344 台

328GTS：6068 台

● **フェラーリ 328 シャシーナンバー**

328GTB：58735 ～ 83017

328GTS：59301 ～ 83075

● **フェラーリ 328 日本仕様**

輸入期間：1986 ～ 89 年

販売価格：1520 万円（328GTB）

1560 万円（328GTS）

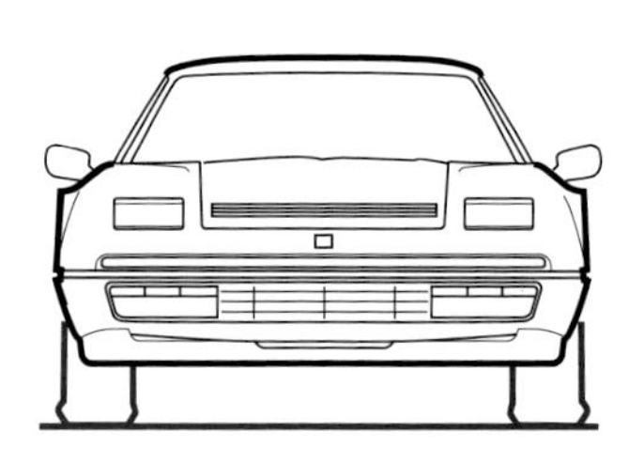

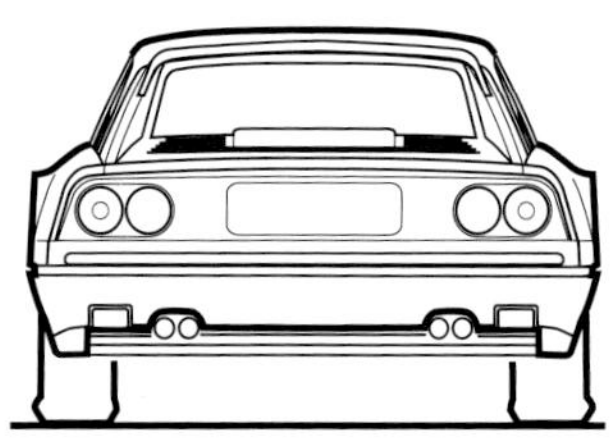

1984 Jpn 328

「V8 フェラーリ」第一世代の最終形、フェラーリ 328 シリーズは、1985 年のフランクフルト・ショウでヴェイルを脱いだ。「308」が「328」になったことで解る通り、排気量が 3.2ℓ にアップされていた。

ボアで 2.0mm、ストロークで 2.6mm 拡大され、φ 83.0×73.6mm、3185cc の排気量を得ていた。それとともにボディ内外をリスタイリングし、全体的に印象も新鮮味が与えられた。同時にいろいろな意味で、ラグジュアリの方向に舵を切った印象を受けたものだ。

エンジンは F105C 型、つまり前の「クアットロヴァルヴォーレ」の発展形というような型式が与えられた。もちろん、気筒あたり 4 ヴァルヴ。じつはヴァルヴ系はサイズも前の「308」がそのままで継承されている。ヴァルヴ・タイミングさえ同じということは、前の qv 誕生時にすでに排気量アップも見越していたのかもしれない。

3.2ℓ になってパワーは 270PS（北米仕様は 260PS）と発表された。「クアットロヴァルヴォーレ」に較べて 35PS、つまりは 15%のアップである。トルクはそれ以上で、20%以上アップして 31.0kg-m を得ていた。

エンジンルーム内は、エアチャンバが新デザインとなり、「quattrovalvole」とともに「3200」の文字も浮き彫られている。

タイヤはふたたび一般的なインチ規格に戻り、ブランドもグッドイヤーになった。前後でサイズも変えられ、フロントが 7J+205/55、リアが 8J+225/50 の VR16 インチが装着される。

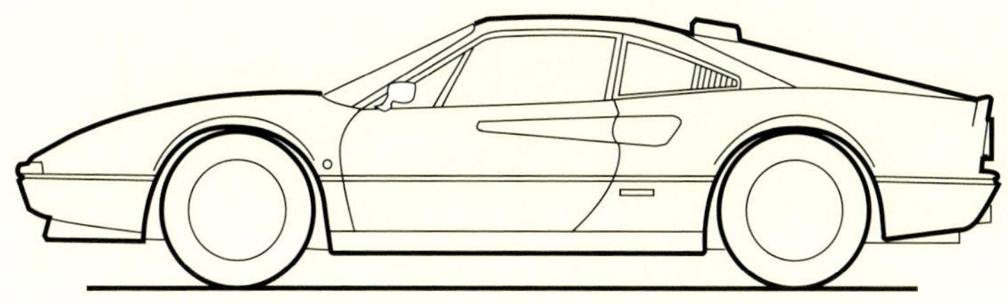

1985 Jpn 328 GTB

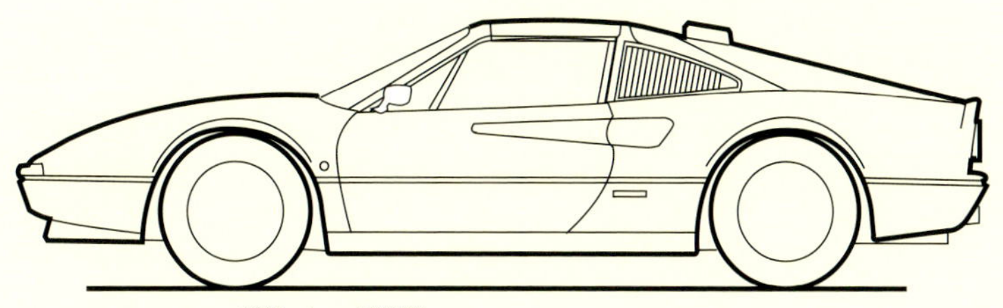

1985 Jpn 328 GTS

フェラーリ 328GTB/GTS (1985～1989)

モデル名	フェラーリ 328GTB	フェラーリ 328GTS
エンジン型式	ティーポ F105C 水冷 V8 気筒 DOHC 32 ヴァルヴ	
エンジン排気量	2926 cc	
ボア × ストローク	ϕ 83.0×73.6mm	
エンジン出力	270PS/7000r.p.m.	
最高速度	260 km/h	
ホイールベース	2350 mm	
ディメンジョン	4285x1755x1120mm	
車重	1263 kg	1273 kg
シャシー番号	58735～	59301～

ボディは前後のバンパーとスカート部分がそっくり新調されて、まさにリファインされた印象を与える。フロントグリルは左右にドライヴィング、方向指示等が一体になった大型ランプを抱え込み、チンスポイラーを黒塗装としたことで、フロント全体が大きく見え、しかも締まった顔付きを演出している。スポイラーのマット・ブラックはサイドのシル部分、さらにはリアのマフラー・カヴァにまで及んでいる。

逆にフロント・フード上のルーヴァはボディと同色になり、ヘッドランプ後方のエア抜きは廃止された。ドアノブも従来の「特別感」のあったものから、ボディとともも色の普通のオープナーに変更されている。

インテリアは全体的に変化している。これまでつづいていたダッシュボードからドア内張りにかけてラウンドした一体感は、大きなドアハンドルで打ち消されてしまっている。メーターパネルもダッシュボード中央に三連小メーターのパネルが追加され、そこにコントロール・レヴァの類も移動した。

完成度の高さ、乗り手を選ばない性格なども功を奏し、ふたたび大きく台数を伸ばした印象。とくにフェラーリ 328GTS は 6068 台を数えた。シャシーナンバーも 58735 の 328GTB からはじまり、最終ロットは 83000 番代にまで至っていた。

□ フェラーリ 348tb（1989-）
V8 エンジン搭載ミドシップ・フェラーリの第二世代。エンジンを縦置き搭載し、ラジエータをドア後方にレイアウトした。「t」はギアボックスを横置きしたことを示す。

□ フェラーリ F355 ベルリネッタ（1993-）
エンジンを 3.5 ℓ に拡大の上、気筒あたり 5 ヴァルヴを実現したフェラーリ F355。ひとつの完成形の印象を与えた。「GTS」、スパイダーをラインアップ。

□ フェラーリ 360 スパイダー（1999-）
大きくスタイリングを変えたフェラーリ 360「モデナ」は、さらにボディを拡大。初期の「V8 フェラーリ」とはまったく別物の印象を与える。販売面では主流だった。

●「ナロウ・フェラーリ」宣言

1989 年のジュネーヴ・ショウに飾られていたフェラーリ・モンディアル。多くの人は素通りするほどに、一見なんの変哲もないモンディアルだったのだが、じつは大きな「革新」がもたらされていた。

それは、数ヶ月ののち、同じ 1989 年のフランクフルト・ショウで発表されるフェラーリ 348tb の登場で、改めて脚光を浴びる、というようなことにもなった。ご存知、エンジンを縦置き搭載した第二世代の V8 ベルリネッタである。エンジンのことばかりが話題になるけれど、じつはフェラーリ 348t の最大のポイントは生産性の向上、である。

セミモノコックのシャシーを導入し、ロボットによるボディ組立てなど、フェラーリ工場が一歩機械化の設備を整え前進する、最初のモデルになったことで記憶にとどめておくべき存在なのである。

それはさておき、このモデルチェンジでボディ内外も一新された。ポルシェ 911 の初期モデルが、そのスリムで端正なスタイリングから「ナロウ・ポルシェ」と呼ばれているのだが、フェラーリについても、本書で採り上げたフェラーリ 328GTB までを「ナロウ・フェラーリ」と分類したくなる変貌振りであった。

具体的にいうとフェラーリ 328 の 1720mm の全幅が 348t では 1895mm まで拡大しているのだ。エンジンを縦置き搭載し、その両脇にラジエータを配置したことからの拡幅なのだが、初期の V8 フェラーリの持つあの端正さは失せてしまった。ポルシェ 911 と同じ途を辿っている。

こののちも、1994 年デビュウのフェラーリ F355 は 1900mm、その次の 360 モデナは 1922mm と増大化の一途だ。

美しい第一世代 V8 フェラーリを「ナロウ・フェラーリ」と宣言することで、近年高まっている趣味性を大切に、ここに記録しておく、という次第だ。

あとがきに代えて

フェラーリ 308GTB にはじまる「V8 フェラーリ」のシリーズは、クルマ好きなら誰もが一度は憧れた、というような存在。いま思い返してみても、ちょっと胸高まってしまうような一群である。

いうまでもなくフェラーリは至高の存在、おいそれと近づけない、別世界の存在であると認じてきた。また、別世界であるからこそ永遠の憧れでもありつづける、と。でも、それが少しだけ身近かにやってきた ──「V8 フェラーリ」はそんな希望を抱かせてくれたものだ。

小生自身は「V8 フェラーリ」の前身といっていいディーノ 246GT を愛好して長いが、つねに「V8 フェラーリ」は気になる存在でありつづけた。性能的にはひと回り上をいく。スタイリングは好みがあるが、新鮮でより現代的なのはまちがいない。「V8 フェラーリ」、15 年ほどの第一世代の間にはいろいろな規制に対応する苦しい時期もあった。

あとがきを書こうとして、せっかく各世代の V8 フェラーリを撮影し、ステアリングも握らせていただいた。それを書き残しておくのもいいのではなか、と思い付いた。

ホンのひと走りから、それこそ数日間、駆り出して試乗し、撮影に及んだものもある。いつも、コクピットからおりたくない、そんな共通の思いとは別に、よくもこれだけそれぞれの乗り味があるものだ、と感心した。

ちょっと私的なドライヴィング・インプレッションである。

● 軽量「FRP」ボディに感激する

一番最後にひと走りさせていただいたから、一番印象深く残っている、というのではない。これほどしっかりバランスのとれたウエーバー、それも 4 連というマルチなのにまったく淀みなく低回転域から、それこそ自ら回転したがっているかのように吹け上がっていく。

芳村貴正さんの FRP ボディの 1977 年式である。ボディの軽さもあるのだが、それ以上に状態のよさが伝わってくる。ディーノの V6 気筒が V8 気筒になって、よりマルチシリンダというにはちがいはないのだが、それこそこんなスムースな V8 は初めて、といっていいほどの感触だ。

もちろん V12 気筒とはちがう。経験してきたアメリカン V8 ともまた別だ。近いといえば「クアットロヴァルヴォーレ」かもしれない。だが、それよりもずっとクラシカルでキャブの存在が感じられるのがいい。

フェラーリ乗りなら先刻ご存知のことだが、フェラーリのシフトは根元にしっかりゲートが刻まれ、素早いシフト操作というより確実な操作が望まれる。いや､そんなに焦らなくてもフェラーリは充分に速いんだから、とクルマにいわれているような、もどかしさがある。

それも芳村フェラーリは、新車の馴らしが終わったばかり、というようなフィールで、心地よく決まる。うーん、こんな状態の FRP ボディのフェラーリ 308GTB が現存していることがちょっと信じがたい。そんな結論とともにいつまでも走らせていたい気持ちを区切った。

● むかし撮った２ショット

35年前に撮ったフェラーリ308GTSとの2ショットが出てきた。手に入れて間もなかった小岩井 保さんとは、けっこう一緒に走ったり写真撮影に付合ってもらったりした。

もちろんディーノと取り替えて乗り較べもしたのだが、こん回、久し振りにお目に掛かり隣席であったが乗せてもらった印象は、以前よりずっと好調になっているということだった。サウンドも快活で… と思ったら、なんとエアフィルタが外されているのだった。道理で、加速時の吸い込み音が一段と迫力があったわけだ。

自分でメインテナンスその他、小岩井さん自身が手を掛けるのが大きな趣味だ、という。本文でも書いたけれど、以前スーパー・セヴンのエンジンをひとりで降ろして… というのを聞いていたから、そんなに驚きはしなかったが、さすがにエンジンは無理だが足周りなどショック交換くらいは、とさらりと言ってのける。かつて学生ラリーをしていたという趣味歴を聞けば、なるほどというものなのだが。

それにしても、スーパー・セヴンをフェラーリ308GTSに変えて、以来35年間自分でメインテナンスしながら、楽しんでいるというのは、「V8フェラーリ」が趣味のクルマとして立派に通用しているということを実証してくれているようなものだ。

それで少しずつオリジナルに戻したりしている、シートが後年のパターンに換装している…と気にしてくれたり、というのは趣味が深まっているということにちがいない。

● 「GTSi」と「クアットロヴァルヴォーレ」

ずいぶん以前のことになるが、フェラーリ308GTSiを駆り出したことがある。ショップの好意でお借りしたものだが、例の排出ガス規制のなかで、すべての自動車メーカーがもがいていた時期。フェラーリとて例外ではない、というよりむしろフェラーリのような高性能車ブランドこそ大きな打撃を受けたものである。

その時期真っただ中のフェラーリ 308GTSi である。パワーは 205PS、よくぞこの数字でとどまった、と評価されたものだが、やはりフィーリングはこの先どうなっていくのかという不安を憶えさせるほどであった。

それからすると、ディーラーであるコーンズ＆カンパニーから駆り出した「クアットロヴァルヴォーレ」の復活振りには大いに意を強くさせられたものだ。基本的にフェラーリはハイギアードな印象があったが、ファイナルをひと回り落とすことで、32 ヴァルヴ化によって取り戻したパワーが存分に活かされた印象。

とにかく公道で経験できる全速度域で、フェラーリらしさが甦ったことを実感できた。それはとても嬉しいことであった。このときは GTB と GTS をそれぞれ数日間に渡って提供していただいたのだが、身構えることなく走れて、それでいて充分に高性能という、それこそ理想的な GT に仕上がってるのを感じた。

シャーンと吹け上がり、カチッカチッと決まる手応えの確かさは、これぞ完成形という印象を与えた。フェラーリに限らず、以前のクルマは当たり外れがあったものだが、それが感じられないことも、大きな安心感になった。

● フェラーリ 328GTB は…

「クアットロヴァルヴォーレ」を完成形に近いと書いたけれど、それに較べてフェラーリ 328GTB はちょっと拍子抜けするほど、であった。パワーもグンとアップしていて、相応に大きな手応えを予想して乗り込んだのだが、それは思い過ごしだったようだ。

いや、性能は確実にアップしている。速さもギア比が高められた分伸びていて、速度計を見て慌てて右足の力を緩めたことも一度ではなかった。「V8 フェラーリ」の 10 年目にして、これでもかというようなモデルを登場させた、そんな印象であった。誤解を恐れずにいってしまうと、誰でもがフェラーリ性能を享受できてしまう。

それを知ったうえで、私的意見を書かせてもらうと、ちょっと腕に覚えがあって、少しの格闘を厭わないなら「クアットロヴァルヴォーレ」、マニアックな挑戦者は初期のキャブ仕様、誰にでもお勧めできるのは 328、ということになろうか。GTB か GTS かは、それこそ好みで… と。そうはいっても GTS オーナーは意外なほどオープンにする機会は少ないのだそう。

いずれにせよ、もはや趣味のクルマになっている第一世代の「V8 フェラーリ」だ。

結局は自分で手に入れてみるしか、その全貌を知ることはできない。われわれ、多くの資料などをもとに知ったかぶりを書くこともあったりするのだが、「V8 フェラーリ」については、じっさいに 10 年以上所有していたことがあるし、ディーノ 246GT はいろいろな点で「モノサシ」の役を果たしてくれている。

それにしてもフェラーリも大きく変化し、現代の「フルサイズ・フェラーリ」は、もはや別世界ののりものになった、という気がする。その代わりに、むかしは別世界であった「V8 フェラーリ」などが趣味の世界にやってきた、そんな印象を持つのである。

もちろん、相応の資金は必要だが、努力というか思いを掛けることで、それを軽減することもできる。それ以前に、投じるだけの価値のある存在、趣味のアイテムというのはそういうものと実感できるはずだ。

● 10冊目、初心を思い返して

好きなクルマがいくつもある。
スタイリングでいったら○○○だし、
全体のサイズや性能でいったら□□□、
でもあのレースで活躍した△△△もいいんだよなあ。

興味が尽きない。それだけクルマというのりものは幅広い、奥深い魅力を持っている。クルマ好きにとって永遠のアイドル。同時にそういう興味の尽きない対象を持っているわれわれは幸運であるというべきであろう。

でも、そのすべてを所有できるわけではない。いや、憧れのうちの１台でも手にできていたとしたら、それだけでも充分にシアワセ、というものだ。しかるに、残された思いは… モデルカーだったり一冊の書物だったりする。

そうやって、書架にお気に入りのクルマを並べる。振り返ってみると話しは後先で、お気に入りのクルマの本、多くはすらすらとは読めない洋書だったが、そうした書物を眺め読みふけったのちに、ようやく憧れのクルマを所有することができた。そんな経験から、書架に並べておきたいクルマの書籍、を目指して本づくりをしてみたい、と思うようになった。

そうしたときの書物は… もちろんメカニズムの解説からメインテナンスのノウハウ、詳しいスペックなどを解説した実用書もある。いやそれ以前にクルマ世界のニューズやニュウモデルの紹介、テストからインプレッションまでを伝える専門誌。もちろんそれにはレースなどのリザルト、レポートの存在も忘れられない。

しかしそれらを「アシ」にもできる実用的なクルマにたとえるなら、実用にはならないけれど走らせて愉しく眺めて素敵な趣味のクルマもあっていい。

そんな本をつくりたい。

と、シリーズ創刊時に宣言した。その気持ちを改めて心に留めつつ、本書の結びとしたい。

いのうえ・こーいち

著者プロフィール

いのうえ・こーいち （Koichi-INOUYE）

岡山県生まれ、東京育ち。幼少の頃よりのりものに大きな興味を持ち、鉄道は趣味として楽しみつつ、クルマ雑誌、書籍の制作を中心に執筆活動、撮影活動をつづける。近年は鉄道関係の著作も多く、月刊「鉄道模型趣味」誌ほかに連載中。主な著作に「図説国鉄蒸気機関車全史」（JTB パブリッシング）、「図説国鉄電気機関車全史」（メディアパル）、「名車を生む力」（二玄社）、「ぼくの好きな時代、ぼくの好きなクルマたち」「C 62 ／団塊の蒸気機関車」（エイ出版）「フェラーリ、macchina della quadro」（ソニー・マガジンズ）など多数。また、週刊「C62 をつくる」「D51 をつくる」（デアゴスティーニ）の制作、「世界の名車」、「ハーレーダビッドソン完全大図鑑」（講談社）の翻訳も手がける。季刊「自動車趣味人」主宰。　日本写真家協会会員 (JPS)。

連絡先：mail@tt-9.com

◎撮影：イノウエアキコ

いのうえ・こーいち　著作制作図書

- 『世界の狭軌鉄道』いまも見られる蒸気機関車　全 6 巻　メディアパル
- 『図説国鉄電気機関車全史』 200 点超のイラストで綴る国鉄電気機関車のすべて。2017 年メディアパル
- 『井笠鉄道』 岡山県にあった人気の軽便鉄道。忘れられない情景と記録。2019 年　販売：メディアパル
- 『頸城鉄道』 新潟県にあった軽便鉄道。浮世離れした情景。蒸気機関車は西武山口線で復活運転した。
- 『下津井電鉄』 ガソリンカー改造電車が走っていた電化軽便。瀬戸大橋のむかしのルート。2020 年
- 『尾小屋鉄道』 わが国で最後の非電化軽便として知られる。蒸気機関車 5 号機の走った記録は貴重。
- 『東洋活性白土＋基隆』 2 フィート軌間の蒸気機関車。その楽園といわれた糸魚川の情景と台湾の絶景。
- 『草軽電鉄＋栃尾電鉄』 伝説の軽便電鉄、草軽電鉄を廃線 60 年に再現。栃尾の個性的車輌とともに。
- 『C56』『小海線の C56』 C56 と懐かしの小海線情景。「C62」「D51」「C57」も既刊発売中。
- 『「カニさん」ブック』「カニさん」と愛称された英国生まれの小型スポーツカー、スプライトの愉しい本。
- 『アルファ・ロメオ ジゥリア』1960 年代の 105/115 ジゥリアの全貌をまとめたクルマ好きの書。
- 『ロータス・エラン』英国スポーツカー好きに大人気のエラン。オーナー各氏の拘りと変遷を詳述。
- 『アルピーヌ A110』フランス代表の軽量スポーツカー、アルピーヌ。生みの親、J. レデレ氏に訊く。
- 『ランボルギーニ・クンタッシ』スーパーカーの雄、クンタッシを語り部、明嵐正彦が語り尽くす。
- 『ディーノ gt』フェラーリ小型ミドシップ GT のルーツ。ディーノ 206gt から 246gt、308gt4 まで。
- 『英国ミニ』多くのファンを持つミニを二刊に分けて制作。英国での製造風景や変型ミニまで網羅する。
- 『ポルシェ 911 1965~1973』ポルシェ 911 の源流、911R を含み 2.7ℓ までの「ナロウ・ポルシェ」。
- 『VW typ1』ビートルの愛称のもと、多くの人に愛好される VW タイプ 1。貴重な初期モデルから収録。

季刊「自動車趣味人」

クルマ趣味人のために、クルマ趣味人がつくる自動車趣味を愉しむ季刊誌。2016 年に創刊。
3.6.9.12 月刊行。毎号、好きなクルマとクルマ好きの人を満載。バックナンバー等お問い合わせを。

V8 フェラーリ　1975~1989

発行日　2025 年 2 月 15 日
初版第 1 刷発行

著者兼発行人　いのうえ・こーいち
発行所　株式会社こー企画／いのうえ事務所
〒 158-0098　東京都世田谷区上用賀 3-18-16
PHONE 03-3420-0513
FAX　03-3420-0667

発売所　株式会社メディアパル（共同出版者、流通責任者）
〒 162-8710　東京都新宿区東五軒町 6-24
PHONE 03-5261-1171
FAX　03-3235-4645

印刷　製本　株式会社 JOETSU デジタルコミュニケーションズ

ISBN　978-4-8021-3507-8　C0065
2025 Printed in Japan